Beiträge zur Spannungs- und Dehnungsanalyse

V

SCHRIFTENREIHE
DER INSTITUTE FÜR MATHEMATIK

BEI DER DEUTSCHEN AKADEMIE DER WISSENSCHAFTEN
ZU BERLIN

REIHE B

ANGEWANDTE MATHEMATIK UND MECHANIK

HEFT 7

BEITRÄGE ZUR SPANNUNGS- UND DEHNUNGSANALYSE

V

AKADEMIE-VERLAG · BERLIN
1968

BEITRÄGE ZUR SPANNUNGS- UND DEHNUNGSANALYSE

V

Herausgegeben von
Prof. Dr. KURT SCHRÖDER

Bearbeitet von
Dr. GOTTHARD HABERLAND
Dr. VOLKHARD REIMANN und Dr. JOACHIM TRÄGER
Abteilung Spannungsoptik des Instituts für Angewandte Mathematik und Mechanik

Mit 122 Abbildungen, 13 Tabellen und 15 Tafeln

AKADEMIE-VERLAG · BERLIN
1968

Institut für Angewandte Mathematik und Mechanik, 108 Berlin, Mohrenstraße 39

Erschienen im Akademie-Verlag GmbH, 108 Berlin, Leipziger Straße 3–4

Lizenznummer: 202 · 100/404/68

Gesamtherstellung: VEB Druckerei „Thomas Müntzer", 582 Bad Langensalza

Bestellnummer: 2069/B/7 · ES 18 B 5, 20 C 6

42,–

INHALTSVERZEICHNIS

Spannungsoptische Untersuchung von Gummifedern bei großen Verformungen

T. Fekete

1. Einleitung

Heutzutage findet man auf den verschiedensten Gebieten der Maschinentechnik Anwendungen von Gummifedern. Diese sind infolge der großen Elastizität des zu ihrer Herstellung verwendeten Gummimaterials, der vorteilhaften Festigkeitseigenschaften, des verhältnismäßig geringen Gewichtes sowie der entsprechenden Lebensdauer zur Substitution von Stahlfedern sehr wohl geeignet. Dazu kommt noch, daß die Gummifedern nicht nur zur Aufnahme von Schwingungsenergie, sondern auch zu deren wirksamen Dämpfung geeignet sind.

Trotz dieser vielfachen Vorteile ist die Mehrheit unserer Fachleute abgeneigt, Gummifedern an solchen Stellen anzuwenden, wo über die zweckdienliche Bemessung von Gummielementen noch keine ausreichenden Erfahrungen vorliegen. Begründet ist dies dadurch, daß die Bemessungsfragen von Gummifedern z. Z. noch praktisch ungelöst sind bzw. sich in einem niedrigeren Stadium befinden, als das bei den festen Konstruktionsmaterialien der Fall ist. Es sind zwar für den Gummi Zusammenhänge bekannt, welche als Ausgangspunkte einer genauen Festigkeitsberechnung dienen könnten; nur sind die angegebenen Differentialgleichungen — mit wenigen einfachen Ausnahmen — meistens unlösbar. Bei der Bemessung von Gummifedern begnügt man sich daher üblicherweise mit der Berechnung einfacher Vergleichsdaten, so z. B. mit der Angabe einer an einer charakteristischen Schnittfläche wirkenden Durchschnittsspannung. Eine zeitgemäße Bemessungsweise erfordert aber offensichtlich eine genauere Spannungsanalyse, da bei zwei Gummifedern verschiedener Gestalt trotz gleicher Durchschnittswerte der Beanspruchungen deren Spitzenwerte sehr verschieden ausfallen können.

Die Schwierigkeiten der theoretischen Spannungsanalyse können überbrückt werden, wenn das Problem mit Hilfe der spannungsoptischen Methoden angenähert wird. Zunächst sollen aber die elastizitätstheoretischen Zusammenhänge für Gummi dargestellt werden, welche für das Weitere unumgänglich nötig sind.

2. Elastizitätstheoretische Zusammenhänge

Das elastische Verhalten der Polymeren mit räumlichem Netz — und Gummi kann auch als solches angesehen werden — kann, abweichend von den festen Materialien, auf thermodynamischen Grundlagen behandelt werden. Auf diesen aufbauend kann mit Hilfe mathematisch-statistischer Methoden die Gleichung der freien Energie nach HELMHOLTZ geschrieben werden [1]:

$$W = \frac{1}{2} R\, T \frac{\varrho}{M_c} (\lambda_1^2 + \lambda_2^2 + \lambda_3^2 - 3)\,. \tag{1}$$

Hier bedeuten W die freie Energie (Gestaltänderungsenergie) des in der Volumeinheit enthaltenen Materials, R die Gaskonstante, T die absolute Temperatur, ϱ die Dichte des Materials, M_c das durchschnittliche Molekulargewicht der zwischen den Bindungspunkten des räumlichen Gitters vorhandenen Gitterketten und endlich λ_i die Dehnungsverhältnisse in den Hauptrichtungen.
Die in der Gleichung vorkommenden Konstanten können zu einer einzigen zusammengefaßt werden. Diese sei mit G bezeichnet und bedeutet im wesentlichen den Schubmodul des Materials:

$$W = \frac{1}{2} G (\lambda_1^2 + \lambda_2^2 + \lambda_3^2 - 3)\,. \tag{2}$$

Der Rauminhalt des Gummis bleibt unter Einwirkung der mechanischen Beanspruchung praktisch konstant. Dies wird durch folgende Gleichung ausgedrückt:

$$\lambda_1 \lambda_2 \lambda_3 = 1\,. \tag{3}$$

Durch Differenzieren der Gl. (1) erhält man den grundlegenden Zusammenhang zwischen den Hauptspannungen und den die Gestaltänderung charakterisierenden Daten:

$$(G \lambda_1^2 - \sigma_1) \frac{d\lambda_1}{\lambda_1} + (G \lambda_2^2 - \sigma_2) \frac{d\lambda_2}{\lambda_2} + (G \lambda_3^2 - \sigma_3) \frac{d\lambda_3}{\lambda_3} = 0\,. \tag{4}$$

Dieser allgemeine Zusammenhang soll nun auf einige Spezialfälle angewendet werden.

2.1. Dreiachsiger Spannungszustand

Es ist

$$\left.\begin{aligned} \sigma_1 &= G \lambda_1^2 + \sigma_0\,, \\ \sigma_2 &= G \lambda_2^2 + \sigma_0\,, \\ \sigma_3 &= G \lambda_3^2 + \sigma_0\,. \end{aligned}\right\} \tag{5}$$

Das in den Formeln vorkommende σ_0 bedeutet eine hydrostatische Spannung beliebiger Größe, welche keine Gestaltänderung verursacht. Infolgedessen ist diese direkt aus den Formänderungen nicht berechenbar.

2.2. Einachsiger Zug-Druck

Die Änderung der Größe der Zugkraft (Abb. 1) ist

$$F = G \left(\lambda - \frac{1}{\lambda^2} \right) A_0\,. \tag{6}$$

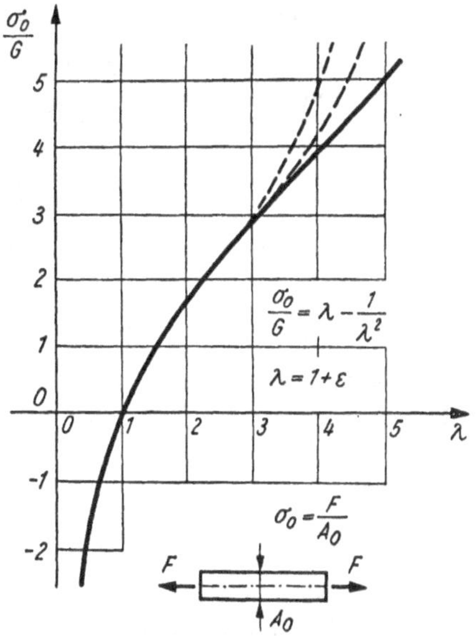

Abb. 1

Die tatsächliche Spannung ergibt sich als Quotient der Kraft und des veränderten Querschnittes:

$$\sigma = G\left(\lambda - \frac{1}{\lambda^2}\right). \tag{7}$$

Der theoretische Zusammenhang zwischen Kraft und Dehnungsverhältnis ist aus Abb. 1 ersichtlich.

Die Beziehung (7) gilt nur für den idealen Fall, dem der niedervulkanisierte Kautschuk sehr nahe kommt. Je stärker die Vernetzung von Großmolekülen ist, um so größere Abweichungen von der idealisierten Kurve treten auf. Die Größe der Formänderungen bei Gummifedern ist aber in der Praxis beschränkt. In dem zulässigen Gebiet ($\varepsilon = 100-200\%$) liefert also diese Beziehung eine gute und nützliche Annäherung.

2.3. Reiner Schub

Die Formänderung beim Scheren und die dazugehörige Spannung sind linear verknüpft, d. h.

$$\tau = G \tan \gamma . \tag{8}$$

Die Richtigkeit dieser Gleichung wird durch praktische Messungen bestätigt: Bis zu beträchtlichen Formänderungen beim Scheren ist der Schubmodul bei Gummi konstant.

2.4. Ebener Formänderungszustand

Der ebene Formänderungszustand ist dadurch ausgezeichnet, daß die Abmessungen in einer Richtung unverändert bleiben. Mathematisch ausgedrückt bedeutet das:

$$\lambda_3 \equiv 1 \quad \text{bzw.} \quad \lambda_1 \lambda_2 = 1 \,, \quad \lambda_2 = \frac{1}{\lambda_1} \,.$$

Es soll nun in den Formeln (5) die Differenz der beiden ersten Hauptspannungen gebildet werden:

$$\sigma_1 - \sigma_2 = G(\lambda_1^2 - \lambda_2^2) = G\left(\lambda_1^2 - \frac{1}{\lambda_1^2}\right) . \tag{9}$$

Die Differenz der Hauptspannungen kann auch mit Hilfe der Richtungsänderung der in Abb. 2 gezeichneten Diagonale ausgedrückt werden:

$$\tan \alpha = \frac{\lambda_2}{\lambda_1} = \lambda_2^2 = \frac{1}{\lambda_1^2} \,, \tag{10}$$

$$\sigma_1 - \sigma_2 = G(\cot \alpha - \tan \alpha) \,. \tag{11}$$

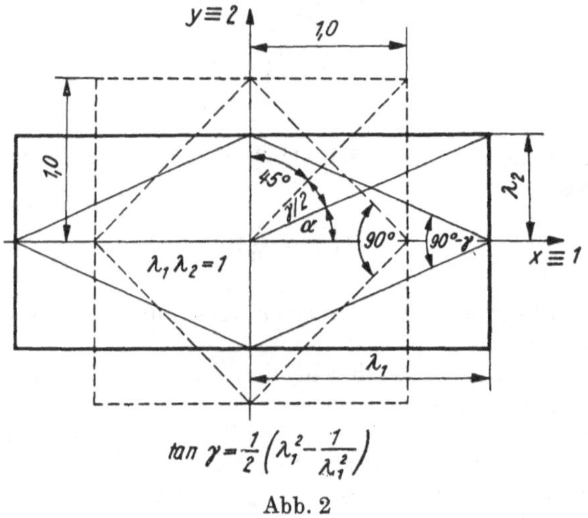

Abb. 2

Auf Grund der Gleichung (11) könnte daran gedacht werden — mindestens bei ebener Gestaltänderung —, die Spannungen daraus zu berechnen, daß man die Richtungsänderungen der auf die Oberfläche des Gummis gezeichneten Linien mit entsprechender Genauigkeit mißt. Die Durchführung der Messungen ist aber bei weitem nicht so einfach, da zur Bestimmung von α die Kenntnis der Hauptspannungsrichtungen erforderlich wird. Auf diese Weise könnte man in den Richtungen der Symmetrieachsen zu einem Ergebnis gelangen (wenn der Körper überhaupt symmetrisch ist), dort nämlich, wo die Hauptspannungsrichtungen mit den Symmetrieachsen zusammenfallen.

Wenn man aber von der Spannungsverteilung in der ganzen Gummifeder ein übersichtliches Bild erhalten will, so scheint die Anwendung der optischen Spannungsanalyse die einzige Möglichkeit zu sein.

3. Spannungsoptische Modellierung des Gummis

Die Durchführung ist auf die Weise möglich, daß man den Gummi durch ein Material von ähnlicher Elastizität als Modell ersetzt, welches aber durchsichtig sein muß, und die Bilder der Isochromaten und Isoklinen auf bekannte Weise herstellt. Das Auswerten wird sich hier etwas von dem üblichen Vorgehen unterscheiden, was aber in den besonderen Eigenschaften des Gummis und des Modellmaterials begründet ist.

Die für die Messungen verwendeten Modelle wurden aus Gelatine hergestellt, welche mit Wasser und Glyzerin in verschiedenen Verhältnissen gemischt wurde. Vor der Auswertung der Ergebnisse mußte der Zusammenhang zwischen den Ordnungszahlen der Isochromaten und den Spannungen bestimmt werden. Auf Grund der durchgeführten Messungen konnte festgestellt werden, daß bei einer ebenen Formänderung die Ordnungszahlen mit den tatsächlichen Dehnungen ε' [2] in Zusammenhang gebracht werden können, deren Werte durch Integration der elementaren Dehnungen erhalten werden:

$$d\varepsilon' = \frac{d\lambda}{\lambda}, \qquad \varepsilon' = \int_1^\lambda \frac{d\lambda}{\lambda} = \ln \lambda . \tag{12}$$

Bei Gelatine ergab sich, daß die Ordnungszahlen n bis zum Bruch des Modells mit den Differenzen der Hauptdehnungen verhältnisgleich waren:

$$n = n_1 (\varepsilon_1' - \varepsilon_2') . \tag{13}$$

Hier bedeutet n_1 den Proportionalitätsfaktor, der auch von der Dicke des Modells abhängig ist.

Wenn man nun nach Gl. (12) die Hauptdehnungen substituiert

$$\frac{n}{n_1} = \ln \lambda_1 - \ln \lambda_2 = \ln \frac{\lambda_1}{\lambda_2} = \ln \lambda_1^2 \tag{14}$$

und von hier λ_1^2 in Gl. (9) einführt,

$$\lambda_1^2 = e^{n/n_1} , \tag{15}$$

$$\sigma_1 - \sigma_2 = G\,(e^{n/n_1} - e^{-n/n_1}) = 2\,G \sinh \frac{n}{n_1} , \tag{16}$$

so erhält man nach Division durch 2 den Wert der größten Schubspannung:

$$\tau_{\max} = G \sinh \frac{n}{n_1} . \tag{17}$$

Eine weitere Frage ist noch, wie aus den an den Gelatinemodellen gemessenen Spannungen die Beanspruchung des Gummis berechnet wird. Die Frage ist insofern einfach zu beantworten, als Gl. (9) sowohl für Gummi als auch für das Modellmaterial Gelatine gültig ist. Ein Unterschied ergibt sich nur in der Größe von G. Wenn also die Gummifeder wie das Modell in gleichem Maße deformiert werden, so wird das Verhältnis der in den entsprechenden Punkten auftretenden Spannungen dem Verhältnis der verschiedenen G-Werte gleich sein:

$$\frac{\sigma_g}{\sigma_m} = \frac{G_g}{G_m} . \tag{18}$$

Es soll als wichtig betont werden, daß der Vergleich der Spannungen der Gummifeder und des Modells nur im gleichen Formänderungszustand möglich ist. Dies ergibt sich teilweise daraus, daß bei Formänderungen verschiedenen Ausmaßes die Form und die Abmessungen der einzelnen Querschnitte sich ändern, und teilweise daraus, daß Gummi nicht dem Hookeschen Gesetz gehorcht.

Die Verwendung der angeführten theoretischen Ausführungen soll im weiteren an einigen Beispielen gezeigt werden.

4. Praktische Anwendungen

In Abb. 3 ist das Modell einer auf Scherung beanspruchten Gummifeder dargestellt. Die Scherkräfte wurden mit Hilfe der beiden starren Prismen eingetragen, die sich zwischen parallelen Führungen bewegen konnten. Die reine

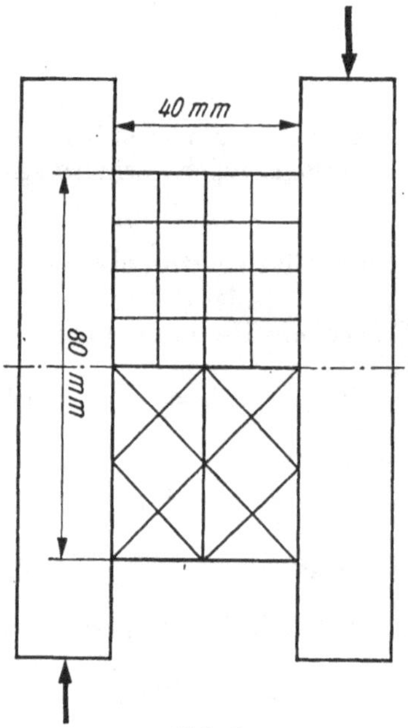

Abb. 3

Scherung des Gummis wird meistens auf diese Weise veranschaulicht, was aber — wie noch gezeigt werden soll — nur eine grobe Annäherung der Wirklichkeit ist. In Abb. 4 (Tafel 1) wird die Aufnahme der Isochromaten in belastetem Zustand gezeigt. Die Verteilung der Linien läßt erkennen, daß der Spannungszustand nur im mittleren Drittel des Modells als homogen angesehen werden kann. An den freien Oberflächen sind sogar Stellen gänzlicher Spannungsfreiheit vorhanden.

Eine weitere Überraschung bietet die Abb. 5, in welcher die Verteilung der Isoklinen und die daraus entworfenen Hauptspannungstrajektorien dargestellt sind. Man ist nämlich daran gewöhnt, daß bei reiner Scherung die Hauptspannungslinien mit der Ebene der Scherung einen Winkel von 45° einschließen. Der Winkel aber, welcher hier mit α bezeichnet wurde, ist von 45° ersichtlich verschieden. Der Grund dieser Verschiedenheit ist leichter zu verstehen, wenn man auf die Oberfläche des unbelasteten Modells einen Kreis mit dem Einheitsradius zeichnet und dessen Gestaltänderung beobachtet, Abb. 6. Mit dem Anwachsen des mit γ_y bezeichneten Winkels weichen die Hauptachsen der sich so ergebenden Ellipse von den Richtungen unter 45° immer mehr ab. Die Hauptachsen der Ellipse fallen in die Richtungen der größten und der kleinsten Dehnung und — das ist eine sehr wichtige Feststellung der Elastizitätslehre — stimmen daher mit den Hauptspannungsrichtungen überein.

Bei Betrachtung der Hauptdehnungen, oder wenn mit Hilfe der Isochromaten-Ordnungszahlen die Hauptspannungen berechnet werden und mit diesen der Spannungskreis nach Mohr entworfen wird, kann mit einiger Überraschung festgestellt werden, daß im auf „reine Scherung“ bzw. reinen Schub beanspruch-

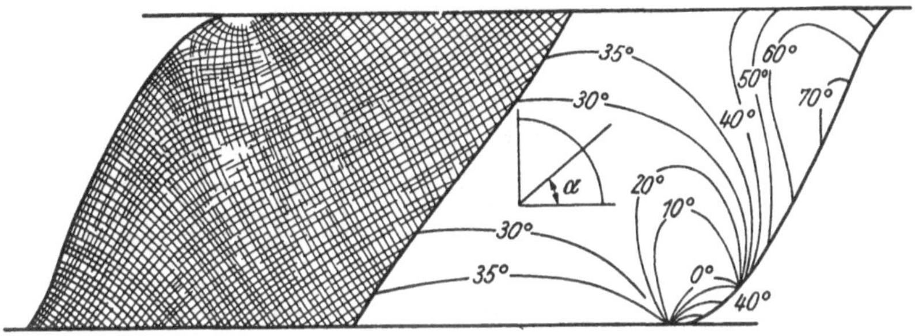

Abb. 5

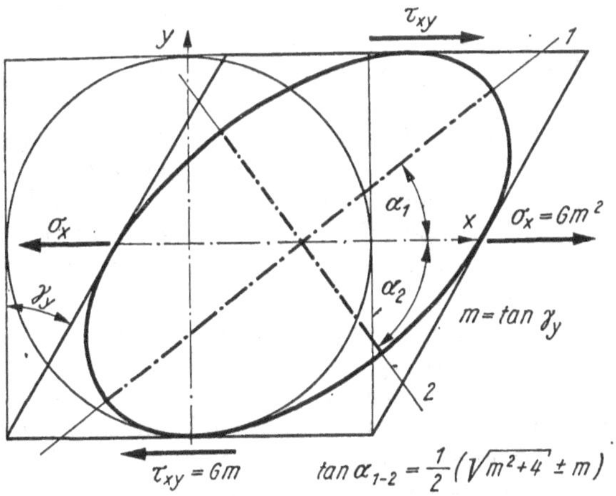

Abb. 6

ten Gummi auch in Richtung x beträchtliche Zugspannungen auftreten (Abb. 7). Diese auch durch Messungen bestätigten Spannungen stimmen gut mit dem Ergebnis überein, welches auf theoretischem Wege für das unendlich lange, gescherte Prisma abgeleitet werden kann [1]:

$$\tau_{xy} = G \tan \gamma \, , \tag{19}$$

$$\sigma_x = G \tan^2 \gamma \, . \tag{19a}$$

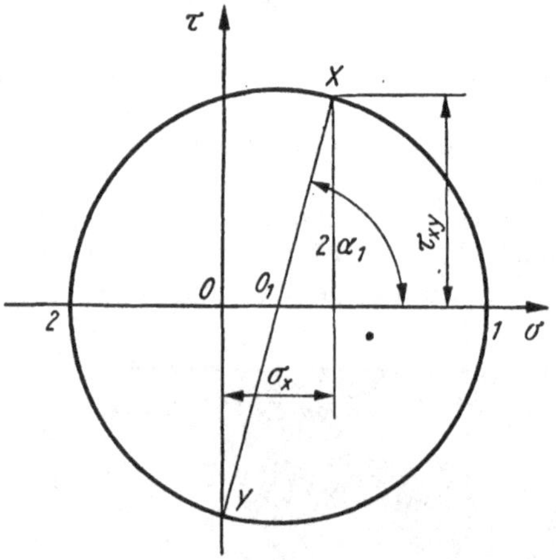

Abb. 7

Die Formel (19a) gibt Auskunft darüber, warum das Vorhandensein der Zugspannung in Richtung x fremd und ungewöhnlich erscheint. Bei den festen Materialien ist nämlich die Größenordnung der Winkelverzerrungen meistens vernachlässigbar klein, und es wird so durch Multiplikation mit deren Quadrat für σ_x eine offenbar nicht mehr wahrnehmbare Spannung erhalten. Bei Gummi kann aber $\tan \gamma$ auch größer als eins werden, und in solchen Fällen wird die Größe von σ_x auch die Scherspannung überschreiten.

In Abb. 8 ist die Verteilung der Scherspannungen in vier horizontalen Schnitten des Gummis dargestellt. Bei den praktischen Rechnungen werden deren Durchschnittswerte in Betracht gezogen. Gestrichelt wurden auch die maximalen Scherspannungen eingezeichnet, welche hier überhaupt auftreten. An diesem einfachen Beispiel ist auch erkenntlich, daß die im Gummi tatsächlich auftretenden Scherspannungen mit den üblichen Methoden nur in sehr grober Annäherung berechnet werden können.

Das nächste Beispiel ist eine zylindrische hülsenförmige Gummifeder, die auf Torsion beansprucht wird. Federn dieses Typs werden in der Praxis als elastische und reibungsfreie Gelenke verwendet (und sind als Silent-blocks bekannt). In Abb. 9 ist die Zeichnung des Modells mit dem auf die Seitenflächen aufgetragenen Netz veranschaulicht. Die Belastung wurde so vorgenommen, daß die innere Welle um die Winkelwerte von je $\varphi = \pi/16$ stufenweise weitergedreht wurde. Die größte Verdrehung war $\varphi_{max} = \pi/4$. Eine ausführliche

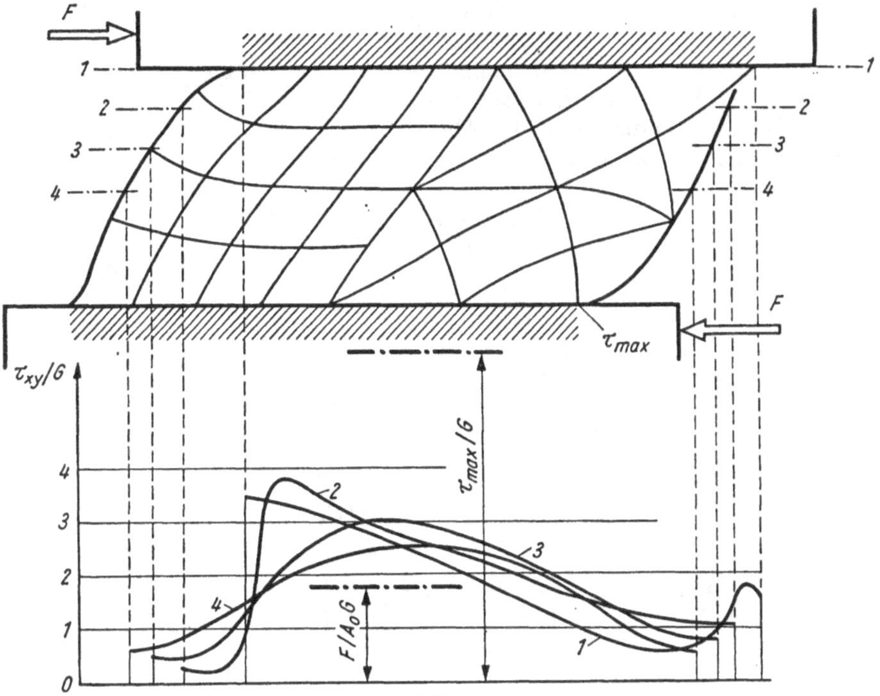

Abb. 8

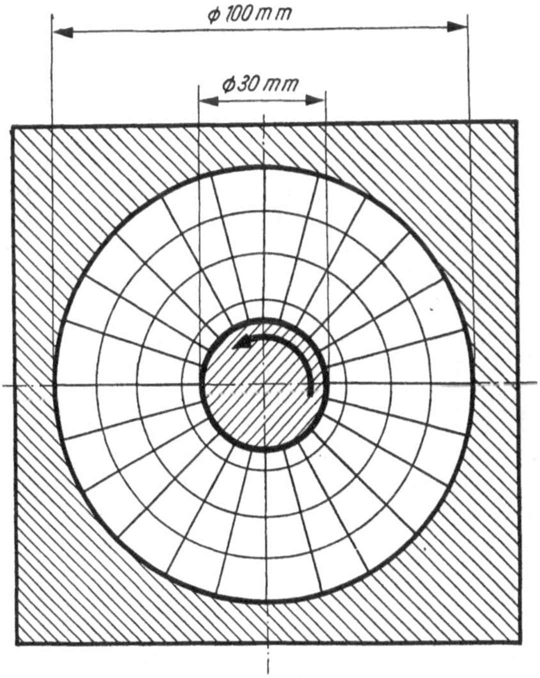

Abb. 9

Spannungsanalyse wurde für den letzteren Zustand durchgeführt. Die Isochromaten- und Isoklinenaufnahmen von der letzten Belastungsstufe sind in Abb. 10 (Tafel 1) veranschaulicht. Abb. 11 zeigt die Hauptspannungslinien, wobei die dicken Linien Zugbeanspruchung bedeuten.

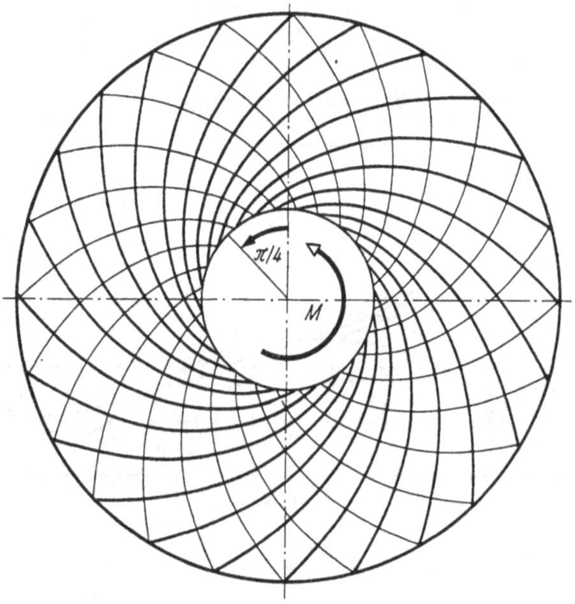

Abb. 11

In der Praxis wird auch die Beanspruchung dieses Federtyps als reine Scherung angesehen. Aus den Ergebnissen des vorangegangenen Beispiels weiß man aber schon, daß neben den in tangentialen Schnitten auftretenden Scherspannungen auch beträchtliche Zugspannungen vorhanden sind, welche hier infolge der Krümmung als Ringspannungen σ_t auftreten. Diese Ringspannungen pressen die einzelnen Schichten gegen die Welle, lösen aber auch in radialer Richtung Normalspannungen σ_r aus, welche mit den σ_t das Gleichgewicht aufrechterhalten. Die Verschiebung der einzelnen Schichten nach der Mitte hin verursacht in der Nähe der Welle eine Anschwellung und außen einen Materialschwund. Diese Änderungen sind auch mit bloßem Auge gut wahrnehmbar. Mit diesen Ringspannungen ist auch das bekannte Phänomen zu erklären, daß beim Drehen eines Stabes in einer stark viskosen Flüssigkeit letztere nach dem Stabe strebt und anscheinend sich auf den Stab aufwickelt.

Die Ergebnisse der Spannungsanalyse der verdrehten Feder sind in Abb. 12 zusammengefaßt.

Die an diesem Modell erhaltene Spannungsverteilung kann eigentlich auch auf theoretischem Wege bestimmt werden. Die durchgeführte Untersuchung ist trotzdem insofern wertvoll, als sie den Vergleich zwischen den Ergebnissen der Theorie und den Messungen ermöglicht. Die optische Spannungsanalyse

Abb. 4

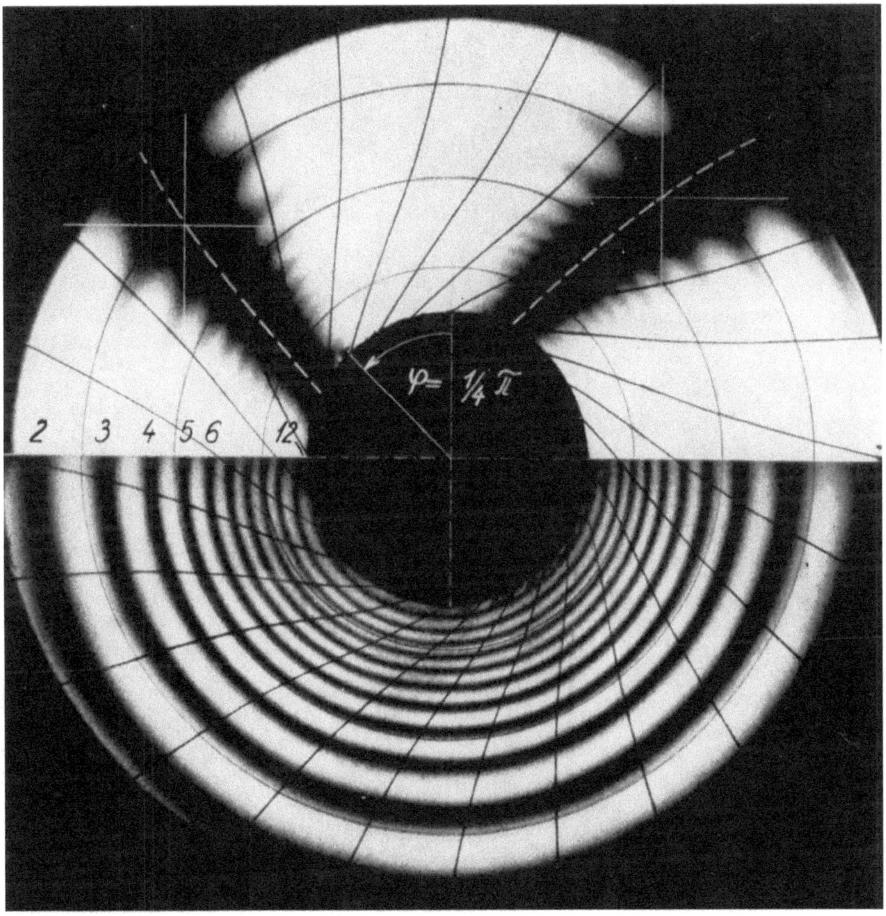

Abb. 10

ist eigentlich nicht in derartigen Fällen wichtig und vorteilhaft, sondern dann, wenn das jeweilige Problem mit reinen mathematischen Methoden nicht mehr zu behandeln ist.

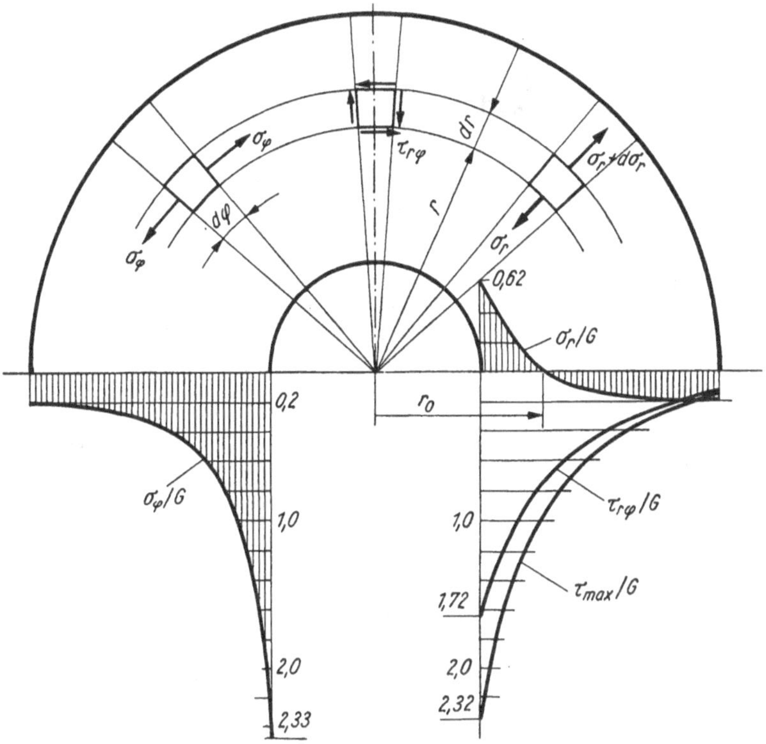

Abb. 12

Letztere Schwierigkeit erwächst auch im Falle des auf parallelen Metallplatten aufvulkanisierten und gedrückten Gummiprismas, dessen Spannungsverteilung theoretisch nicht feststellbar ist und das trotzdem in der Praxis als Gummifeder an vielen Stellen verwendet wird.

Zum Schluß sollen noch die Meßergebnisse dargestellt werden, die am Modell dieses Federtyps gewonnen wurden.

Die Belastung wurde so verwirklicht, daß das Modell zwischen parallelen Glasplatten in einem vorher festgesetzten Verhältnis zusammengedrückt wurde. Die Innenseiten der Glasplatten wurden mit einem Schmiermittel versehen. Im unbelasteten Zustand war die Seitenfläche des Modells ein rechteckiges Parallelogramm, Abb. 13. Die im zusammengedrückten Zustand aufgenommenen Isochromaten- und Isoklinenverteilungen sowie die Spannungstrajektorien zeigt Abb. 14 (Tafel 2).

Aus Abb. 15 ist die Verteilung der Scher- und Normalspannungen in den an den Metallflächen angrenzenden Gummischichten dargestellt. Hier sind

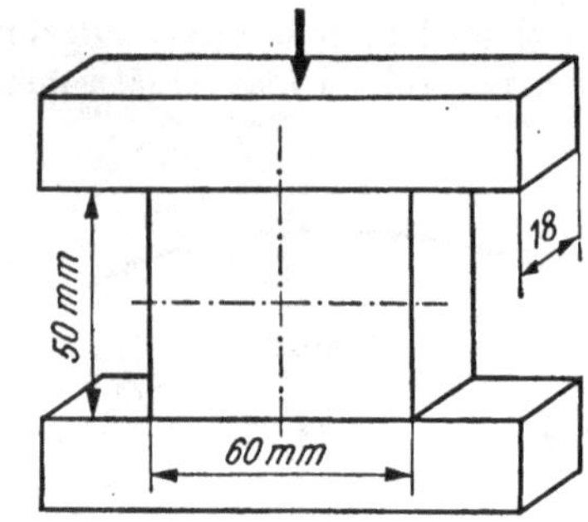

Abb. 13

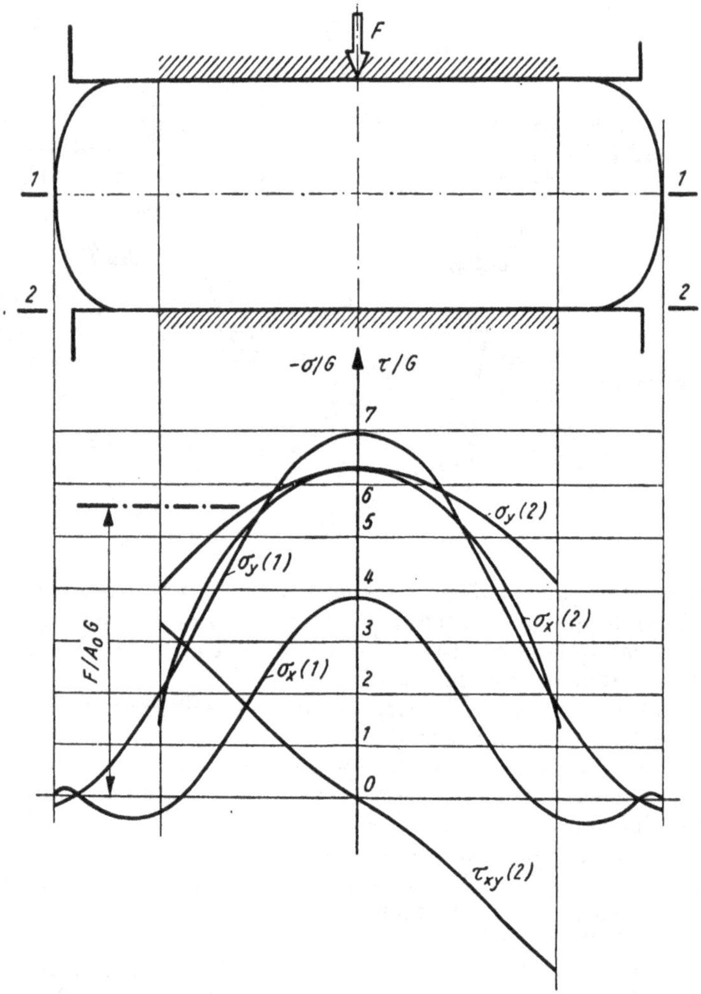

Abb. 15

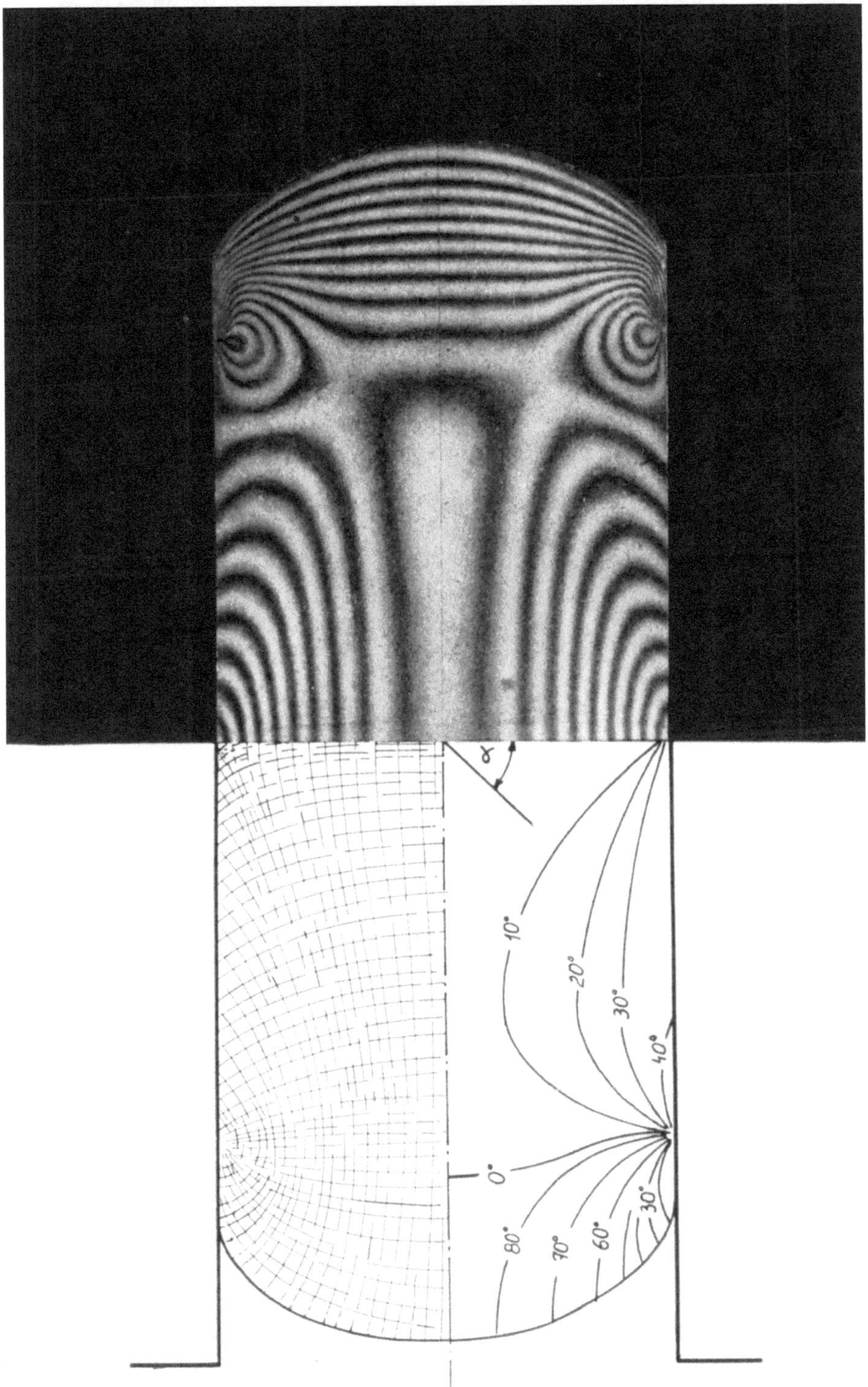

Abb. 14

auch die Verteilungen der in der horizontalen Symmetriefläche auftretenden vertikalen und horizontalen Normalspannungen zu sehen. Die gestrichelte Linie bedeutet hier die auf den ursprünglichen unbelasteten Querschnitt bezogene Durchschnittsspannung.

Dr.-Ing. Tibor Fekete,
Technische Universität für Bau- und Verkehrswesen Budapest

Literatur

[1] Treloar, L. R. G., The Physics of Rubber Elasticity. 2. Aufl., Clarendon Press, Oxford 1958.
[2] Schraud, R., Zur Berechnung und Untersuchung von Gummifedern. Z. VDI **95** (1953).

Ein Verfahren zur Ermittlung elastisch-plastischer Spannungsfelder

H. Gajewski

Einleitung

Die Ermittlung der Spannungsverteilung eines belasteten, elastisch-plastischen Körpers bereitet in der Regel erhebliche mathematische Schwierigkeiten, die wesentlich dadurch verursacht werden, daß die Lage der elastischen und plastischen Zonen (d. h. der Zonen, in denen das zu ermittelnde Spannungsfeld den „elastischen“ bzw. „plastischen“ Beziehungen genügt) im allgemeinen von vornherein unbekannt ist.

Einen Weg, diesen Schwierigkeiten zu begegnen, weist das folgende, von Haar und v. Kármán aufgestellte Minimalprinzip [1]: Solange keine Entlastung stattgefunden hat, liefert die tatsächliche Spannungsverteilung eines elastisch-idealplastischen Körpers einen kleineren Wert der elastischen Formänderungsarbeit als irgend eine andere Spannungsverteilung, die mit den Belastungen im Gleichgewicht ist und nirgends die Fließgrenze überschreitet. Für die Gültigkeit dieses Prinzips findet man bei Greenberg [2], Koiter [3] und Prager [4] hinreichende Bedingungen.

In der vorliegenden Arbeit wird das Prinzip im Rahmen der Prandtl-Reussschen Theorie elastisch-idealplastischer Körper unter einer einschränkenden Bedingung über die Belastungsgeschichte, auf die Koiter [3] hinweist, bewiesen. Es werden weiter Existenz und Einzigkeit der Lösung u_0 des Minimumproblems von Haar und v. Kármán sowie die Gültigkeit der Beziehung

$$\lim_{\alpha_2 \to 0} u(\alpha_1, \alpha_2) = u_0$$

gezeigt. Dabei bezeichnet $u(\alpha_1, \alpha_2)$ die Lösung des dem elastisch-plastischen Problem entsprechenden bilinear-elastischen Problems bei Zugrundelegung des in Abb. 1 dargestellten Spannungs-Dehnungs-Diagramms.

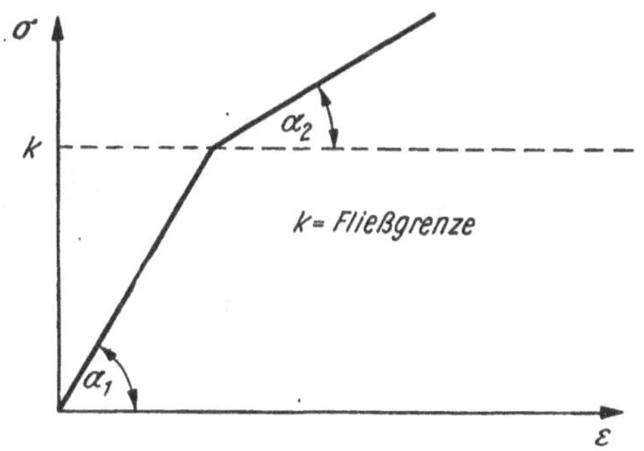

Abb. 1

Zur Konstruktion von Näherungen für $u(\alpha_1, \alpha_2)$ wird ein konvergentes, auf lineare algebraische Gleichungssysteme führendes Verfahren angegeben, das auch Näherungen für u_0 liefert. Die für das räumliche Problem durchgeführten Betrachtungen lassen sich auch auf andere Probleme der elastisch-plastischen Spannungsverteilung übertragen [8]. Das Verfahren wird numerisch an zwei Beispielen erprobt.

1. Die Beziehungen der Theorie von PRANDTL und REUSS

Das Prinzip von HAAR und v. KÁRMÁN

Wir betrachten einen Körper des Volumens Ω mit hinreichend glatter Oberfläche Γ. Der Teil Γ_s der Oberfläche sei von außen wirkenden gegebenen Belastungen unterworfen, während auf dem restlichen Teil Γ_u von Γ der Verschiebungsvektor verschwinde. Die Punkte von Ω werden mit Hilfe eines kartesischen Koordinatensystems $\{0, \vec{e}_1, \vec{e}_2, \vec{e}_3\}$ beschrieben. Kleine lateinische Buchstaben $i, j, \ldots$ benutzen wir als Indizes zur Bezeichnung der Komponenten von Tensoren in diesem Koordinatensystem. Die Indizes durchlaufen die Werte 1, 2, 3. Wir verwenden die EINSTEINsche Summenkonvention. Mit $f_{,i}$ bezeichnen wir die partielle Ableitung einer beliebigen Funktion nach der Ortskoordinate x_i. Mit $\dot{f}$ bezeichnen wir die Ableitung von f nach der Zeit bzw. nach einem mit der Zeit monoton anwachsenden Parameter, δ_{ij} sei der Einheitstensor 2. Stufe. Wir benutzen die Dehnungs-Verzerrungsbeziehungen der linearen Elastizitätstheorie und bezeichnen durch:

u_i den Verschiebungsvektor,
ε_{ij} den Verzerrungstensor (wir setzen wie üblich voraus, daß sich ε_{ij} als Summe eines elastischen Teils ε'_{ij} und eines plastischen Teils ε''_{ij} darstellen läßt),
σ_{ij} den Spannungstensor,
$s_{ij} = \sigma_{ij} - \frac{1}{3}\sigma_{kk}\delta_{ij}$ den Spannungsdeviator.

Ferner sei:

n_i der Einheitsvektor der nach außen gerichteten Normalen an die Oberfläche Γ,
S_i der auf Γ_s gegebene Belastungsvektor,
X_i der Vektor der Volumenkräfte.

Für die quadratische bzw. lineare Invariante des Spannungstensors führen wir die Bezeichung

$$T^2 = T^2[\sigma_{ij}] = \frac{1}{2} s_{ij} s_{ij} ,$$

bzw.

$$s = s[\sigma_{ij}] = \frac{1}{3}\sigma_{ii}$$

ein. Wir nennen den betrachteten Körper einen PRANDTL-REUSSschen Körper, wenn die eingeführten Größen in $\bar{\Omega} = \Omega + \Gamma$ stetig differenzierbar und durch die folgenden Beziehungen verknüpft sind:

Die Gleichgewichtsbedingungen

$$\sigma_{ij,j} + X_i = 0 \text{ in } \Omega\,, \tag{1.1}$$

die Randbedingungen für die Spannungen

$$\sigma_{ij}\, n_i = S_i \qquad \text{auf } \Gamma_S\,, \tag{1.2}$$

die MISESsche Fließbedingung

$$T^2[\sigma_{ij}] = k^2 \tag{1.3a}$$

im plastischen Gebiet Ω_p, die entsprechende Fließungleichung

$$T^2[\sigma_{ij}] < k^2 \tag{1.3b}$$

im elastischen Gebiet $\Omega - \Omega_p$ (k ist die Fließgrenze für reinen Schub), die Verträglichkeitsbedingungen

$$\dot{\varepsilon}_{ij} = \frac{1}{2}(\dot{u}_{i,j} + \dot{u}_{j,i})\,, \tag{1.4}$$

die Randbedingungen für die Verschiebungen

$$\dot{u}_i = 0 \qquad \text{auf } \Gamma_u\,, \tag{1.5}$$

die Spannungs-Verzerrungsbeziehungen

$$\left.\begin{aligned} \dot{\varepsilon}'_{ij} &= A_{ijhk}\,\dot{\sigma}_{hk}\,, \\ \dot{\varepsilon}''_{ij} &= \lambda\, s_{ij} \end{aligned}\right\} \tag{1.6}$$

mit

$$\lambda \begin{cases} = 0\,, & \text{wenn} \quad T^2[\sigma_{ij}] < k^2 \quad \text{oder} \quad s_{ij}\,\dot{s}_{ij} < 0\,, \\ \geqq 0\,, & \text{wenn} \quad T^2[\sigma_{ij}] = k^2 \quad \text{und} \quad s_{ij}\,\dot{s}_{ij} = 0\,. \end{cases} \tag{1.6a}$$

Dabei ist A_{ijhk} der symmetrische Tensor der elastischen Konstanten, und es gilt für die spezifische elastische Formänderungsenergie

$$\frac{1}{2} A_{ijhk}\,\sigma_{ij}\,\sigma_{hk} > 0\,, \tag{1.6b}$$

wenn nicht alle σ_{ij} verschwinden.

Schließlich die Inkompressibilitätsbeziehung für die plastischen Deformationen

$$\dot{\varepsilon}''_{ii} = 0\,. \tag{1.7}$$

Aus (1.7) folgt

$$\sigma_{ij}\,\dot{\varepsilon}''_{ij} = (s_{ij} + s[\sigma_{ij}]\,\delta_{ij})\,\dot{\varepsilon}''_{ij} = s_{ij}\,\dot{\varepsilon}''_{ij} + s[\sigma_{ij}]\,\dot{\varepsilon}''_{ii} = s_{ij}\,\dot{\varepsilon}''_{ij}\,. \tag{1.8}$$

Bezeichnen wir mit $T[\sigma^1_{ij}, \sigma^2_{ij}]$ die der positiven quadratischen Form T^2 entsprechende Bilinearform, dann gilt die CAUCHY-Ungleichung

$$(T[\sigma^1_{ij}, \sigma^2_{ij}])^2 \leqq T^2[\sigma^1_{ij}]\,T^2[\sigma^2_{ij}]\,. \tag{1.9}$$

Die augenblickliche Spannungsverteilung eines belasteten PRANDTL-REUSSschen Körpers hängt von der Vorgeschichte der Belastung ab, d. h. von der Art und Weise, wie die gegebene Belastung erreicht wurde. Es gibt deswegen keine allgemeinen Minimalprinzipien für die augenblickliche Spannungsverteilung bei vorgegebenen Belastungen. Unter speziellen Annahmen über die Belastungsgeschichte gilt jedoch das von HAAR und v. KÁRMÁN aufgestellte Minimalprinzip:

Die wirkliche Spannungsverteilung eines elastisch-idealplastischen Körpers erteilt dem Funktional

$$\Psi(\sigma_{ij}^*) = \frac{1}{2} \int_\Omega A_{ijhk}\, \sigma_{ij}^*\, \sigma_{hk}^*\, d\Omega \tag{1.10}$$

den minimalen Wert gegenüber allen anderen Spannungsfeldern σ_{ij}^*, die den Gleichgewichtsbedingungen (1.1), den Randbedingungen (1.2) und der Fließungleichung

$$T^2[\sigma_{ij}^*] \leqq k^2 \qquad \text{in } \Omega \tag{1.11}$$

genügen.

Eine hinreichende Bedingung für die Gültigkeit dieses Prinzips gibt der folgende

Satz 1

Voraussetzung: Die gegebene Belastung wurde so erreicht, daß in Punkten, die während der Belastungsgeschichte die Fließgrenze erreichten, der Spannungszustand unverändert blieb.

Behauptung: Es gilt das Prinzip von HAAR und v. KÁRMÁN.

Beweis: Es sei σ_{ij}^* ein beliebiges, den Bedingungen (1.1), (1.2) und (1.11) genügendes Spannungsfeld.

σ_{ij} und $\varepsilon_{ij} = \varepsilon_{ij}' + \varepsilon_{ij}''$ seien die der Theorie von PRANDTL-REUSS genügenden, den Zustand des Körpers beschreibenden Tensorfelder.

Durch partielle Integration (Prinzip der virtuellen Arbeit) finden wir

$$\int_\Omega (\sigma_{ij}^* - \sigma_{ij})\, \varepsilon_{ij}''\, d\Omega = \int_\Omega (\sigma_{ij}^* - \sigma_{ij})\, (\varepsilon_{ij} - A_{ijhk}\, \sigma_{hk})\, d\Omega$$
$$= - \int_\Omega A_{ijhk}\, (\sigma_{ij}^* - \sigma_{ij})\, \sigma_{hk}\, d\Omega\,. \tag{1.12}$$

Nach (1.12) und (1.8) gilt

$$\begin{aligned}
&\Psi(\sigma_{ij}^*) - \Psi(\sigma_{ij})\\
&= \frac{1}{2} \int_\Omega A_{ijhk}\, (\sigma_{ij}^*\, \sigma_{hk}^* - \sigma_{ij}\, \sigma_{hk})\, d\Omega\\
&= \frac{1}{2} \int_\Omega A_{ijhk}\, \{(\sigma_{ij}^* - \sigma_{ij})\, (\sigma_{hk}^* - \sigma_{hk}) + 2\, \sigma_{ij}\, \sigma_{hk} - 2\, (\sigma_{ij} - \sigma_{ij}^*)\, \sigma_{hk}\}\, d\Omega\\
&= \frac{1}{2} \int_\Omega \{A_{ijhk}\, [(\sigma_{ij}^* - \sigma_{ij})\, (\sigma_{hk}^* - \sigma_{hk}) + 2\, \sigma_{ij}\, \sigma_{hk}] + 2\, (\sigma_{ij} - \sigma_{ij}^*)\, \varepsilon_{ij}''\}\, d\Omega\\
&= \frac{1}{2} \int_\Omega \{A_{ijhk}[(\sigma_{ij}^* - \sigma_{ij})\, (\sigma_{hk}^* - \sigma_{hk}) + 2\, \sigma_{ij}\, \sigma_{hk}] + 2\, (s_{ij} - s_{ij}^*)\, \varepsilon_{ij}''\}\, d\Omega\,.
\end{aligned} \tag{1.13}$$

Aus (1.6) folgt wegen der Voraussetzung des Satzes

$$\varepsilon''_{ij} = \tau\, s_{ij} \qquad (\tau \geqq 0)\,.$$

Mit (1.9), (1.6), (1.3) und (1.11) finden wir

$$\Psi(\sigma^*_{ij}) - \Psi(\sigma_{ij}) \geqq \frac{1}{2} \int\limits_{\Omega} A_{ijhk}\, [(\sigma^*_{ij} - \sigma_{ij})\,(\sigma^*_{hk} - \sigma_{ij}) + 2\,\sigma_{ij}\,\sigma_{hk}]\, d\Omega$$

$$+ 2\,\tau \int\limits_{\Omega_p} \{T^2[\sigma_{ij}] - (T^2[\sigma_{ij}] \cdot T^2[\sigma^*_{ij}])^{1/2}\}\, d\Omega_p \geqq 0\,. \qquad (1.14)$$

Damit ist der Satz 1 bewiesen.

2. Der Existenz- und Einzigkeitssatz

Wir bezeichnen im folgenden auf Ω gegebene Tensorfelder durch $u, v, \ldots$, ihre Komponenten entsprechend mit $u_{ij}, v_{ij}, \ldots$. Zur Vereinfachung nehmen wir die Isotropie des Materials an. Das Funktional (1.10) hat dann die einfache Form

$$\Psi(\sigma^*_{ij}) = \frac{1}{2} \int\limits_{\Omega} \left\{\frac{1}{K}\, s^2[\sigma^*_{ij}] + \frac{1}{G}\, T^2[\sigma^*_{ij}]\right\} d\Omega\,,$$

oder entsprechend unserer Festlegung

$$\Psi(v) = \frac{1}{2} \int\limits_{\Omega} \left\{\frac{1}{K}\, s^2[v] + \frac{1}{G}\, T^2[v]\right\} d\Omega \qquad (2.1)$$

mit

$$s[v] = \frac{1}{3}\, v_{ii}\,, \qquad T^2[v] = \frac{1}{2}\,(v_{ij} - s[v]\,\delta_{ij})\,(v_{ij} - s[v]\,\delta_{ij})\,. \qquad (2.2)$$

(In (2.1) ist G der Schub-, K der Kompressionsmodul, $s^2[v] = s[v] \cdot s[v]$.) Es sei M_0 die lineare Menge der in $\bar{\Omega}$ stetig differenzierbaren Spannungsfelder u, die den homogenen Bedingungen

$$u_{ij,\,j} = 0 \quad \text{in } \Omega$$

und

$$u_{ij}\, n_j = 0 \quad \text{auf } \Gamma_s$$

genügen. Wir setzen die Existenz eines in $\bar{\Omega}$ stetig differenzierbaren Tensorfeldes w voraus, das den Bedingungen (1.1) und (1.2) genügt. Bezeichnet M die Menge aller in $\bar{\Omega}$ stetig differenzierbaren Felder v, die (1.1) und (1.2) genügen, dann gilt für $v \in M$ (d. h. für beliebige Elemente v der Menge M)

$$v = u + w \quad \text{mit} \quad u \in M_0\,.$$

Auf M bzw. M_0 wird durch die Formel

$$[u_1 \cdot u_2] = \frac{1}{2} \int\limits_{\Omega} \left\{\frac{1}{K}\, s[u_1]\, s[u_2] + \frac{1}{G}\, T[u_1, u_2]\right\} d\Omega \qquad (2.3)$$

ein Skalarprodukt definiert. Die Vervollständigung von M_0 bezüglich der Metrik

$$||u_1 - u_2||^2 = \frac{1}{2} \int_\Omega \left\{ \frac{1}{K} s^2 [u_1 - u_2] + \frac{1}{G} T^2 [u_1 - u_2] \right\} d\Omega \qquad (2.4)$$

liefert einen vollständigen Hilbertraum H_0, für den nach einem Satz von Riesz-Fischer und (2.2) die Einbettung

$$H_0 \subset L_2(\Omega)$$

(d. h., H_0 ist Teilmenge der Menge $L_2(\Omega)$) folgt, wo $L_2(\Omega)$ den Raum der in Ω quadratisch integrablen Funktionen bezeichnet.

Definition 1

Genügt ein Tensorfeld $u \in H_0$ der Ungleichung

$$T^2 [u + w] \leqq k^2 \qquad \text{fast überall in } \Omega\,, \qquad (2.5)$$

dann nennen wir u ein statisch zulässiges Feld.

Definition 2

Wir nennen ein statisch zulässiges Feld eine Lösung des Minimumproblems von Haar und v. Kármán, wenn es dem Funktional

$$\Phi(u) = \Psi(u + w) \qquad (2.6)$$

den Minimalwert gegenüber allen statisch zulässigen Feldern u erteilt.

Wir betrachten neben (2.6) die Funktionale

$$\Phi_n(u) = \frac{1}{2} \int_\Omega \left\{ \frac{1}{K} s^2 [u + w] + \int_0^{T^2[u+w]} f_n(\xi)\, d\xi \right\} d\Omega\,, \qquad (2.7)$$

mit

$$f_n(\xi) = \begin{cases} \dfrac{1}{G} & \text{für} \quad \xi \leqq k^2, \\ \dfrac{1}{G} \left[1 + n \dfrac{(k - \sqrt{\xi})^2}{\xi} \right] & \text{für} \quad \xi \geqq k^2 \end{cases} \qquad (2.8)$$

und

$$\left. \begin{aligned} & 0 \leqq f_n(\xi) \leqq \frac{1}{G}(n + 1)\,, \\ & 0 \leqq f_n'(\xi)\,, \\ & 0 \leqq \frac{d}{d\xi} \left(f_n(\xi^2)\, \xi \right) = f_n(\xi^2) + 2 f_n'(\xi^2)\, \xi^2 \leqq \frac{1}{G}(n + 1) \end{aligned} \right\} \qquad (2.9)$$

und das Funktional

$$\Phi_0(u) = \frac{1}{2} \int_\Omega \int_0^{T^2[w+u]} f_0(\xi)\, d\xi\, d\Omega = \frac{1}{n} \{ \Phi_n(u) - ||w + u||^2 \} \qquad (2.10)$$

mit

$$f_0(\xi) = \begin{cases} 0 & \text{für} \quad \xi \leqq k^2, \\ \frac{1}{G} \frac{(k - \sqrt{\xi})^2}{\xi} & \text{für} \quad \xi \geqq k^2. \end{cases}$$

Die Funktionale Φ_n ($n = 0, 1, 2, \ldots$) sind offenbar stetig auf H_0.

Satz 2

Behauptung: Das Minimumproblem für das Funktional Φ_n hat genau eine Lösung $u_n \in H_0$ und es gilt

$$||u_n + w||^2 \leqq \Phi(0). \qquad (n = 1, 2, \ldots)$$

Beweis: Wir verwenden die Methode von A. Langenbach [5] und bilden dazu das Funktional

$$\varrho_{\Phi_n}(x, y) = \frac{1}{2} \Phi_n(x) + \frac{1}{2} \Phi_n(y) - \Phi_n\left(\frac{x+y}{2}\right).$$

Mit der Bezeichnung $h = y - x$ gilt für beliebige $x, y \in H_0$,

$$\varrho_{\Phi_n}(x, y) =$$

$$= \frac{1}{2}\left[\Phi_n(x) - \Phi_n\left(x + \frac{h}{2}\right)\right] + \frac{1}{2}\left[\Phi_n(x + h) - \Phi_n\left(x + \frac{h}{2}\right)\right]$$

$$= \frac{1}{2K} \int_\Omega s^2\left[\frac{x-y}{2}\right] d\Omega + \frac{1}{4} \int_\Omega d\Omega \int_0^1 ds \int_0^1 \left\{f_n\left(T^2\left[w + x + (s+t)\frac{h}{2}\right]\right) T^2\left[\frac{h}{2}\right]\right.$$

$$\left. + 2 f_n'\left(T^2\left[w + x + (s+t)\frac{h}{2}\right]\right)\left(T\left[w + x + (s+t)\frac{h}{2}, \frac{h}{2}\right]\right)^2\right\} dt$$

und wegen (2.9)

$$\varrho_{\Phi_n}(x, y) \geqq \frac{1}{8}\left\{\frac{1}{2} \int_\Omega \left(\frac{1}{K} s^2 [x - y] + \frac{1}{G} T^2 [x - y]\right) d\Omega\right\} = \frac{1}{8} ||x - y||^2. \qquad (2.11)$$

Das Funktional Φ_n ist offenbar nach unten beschränkt, es sei d_n die genaue untere Grenze. Dann existiert eine Minimalfolge $\{u_n'\}$ mit

$$\lim_{i \to \infty} \Phi_n(u_n^i) = d_n.$$

Ist $\{u_n^i\}$ eine beliebige Minimalfolge, dann gilt für hinreichend große i und beliebiges $j \geqq 0$

$$\varrho_{\Phi_n}(u_n^{i+j}, u_n^i) \leqq \frac{1}{2}(d_n + \varepsilon) + \frac{1}{2}(d_n + \varepsilon) - d_n = \varepsilon.$$

Aus (2.11) folgt die Konvergenz der Folge $\{u_n^i\}$ gegen ein Element $u_n \in H_0$. Die Stetigkeit von Φ_n ergibt

$$\Phi_n(u_n) = d_n,$$

d. h., u_n ist Lösung des Minimumproblems für Φ_n.

Durch Mischfolgenbildung überzeugt man sich leicht von der Einzigkeit von u_n.

Es gilt offenbar

$$\Phi_n(0) \geqq \Phi_n(u_n) \geqq ||u_n + w||^2 . \tag{2.12}$$

Damit ist Satz 2 bewiesen.

Satz 3

Voraussetzung: Es existiert wenigstens ein statisch zulässiges Feld u^* [1]).

Behauptung: Das Minimumproblem von Haar und v. Kármán hat genau eine Lösung u_0 und es gilt

$$\lim_{n\to\infty} u_n = u_0 ,$$

wenn u_n die Minimalelemente der Funktionale (2.7) sind.

Beweis: Zunächst beweisen wir zwei Hilfssätze.

Hilfssatz 1: Die Folge $\{u_n\}$ konvergiert in H_0 gegen ein Element $u_0 \in H_0$. Wegen (2.7) und (2.8) ist die Folge $\{\Phi_n(u_n)\}$ monoton wachsend. Wegen der Voraussetzung des Satzes gilt

$$\Phi_n(u_n) \leqq \Phi_n(u^*) = \Phi(u^*) , \quad (n = 1, 2, \ldots) \tag{2.13}$$

d. h. $\{\Phi_n(u_n)\}$ ist beschränkt. Die Folge konvergiert daher. Es sei etwa

$$\lim_{n\to\infty} d_n = \lim_{n\to\infty} \Phi_n(u_n) = d . \tag{2.14}$$

Zu jedem $\varepsilon > 0$ gibt es nun ein n_0 mit

$$\varepsilon \geqq \Phi_{n+m}(u_{n+m}) - \Phi_n(u_n) \quad \text{für} \quad m \geqq 0 , \quad n \geqq n_0 .$$

Weiter ist offenbar

$$\Phi_{n+m}(u_{n+m}) \geqq \Phi_n(u_{n+m}) \quad \text{und} \quad \Phi_n(u_{n+m}) \geqq \Phi_n(u_n) .$$

Wir finden daher

$$\begin{aligned}\varepsilon \geqq \Phi_{n+m}(u_{n+m}) - \Phi_n(u_n) &= \Phi_{n+m}(u_{n+m}) - \Phi_n(u_{n+m}) \\ &+ \Phi_n(u_{n+m}) - \Phi_n(u_n) \geqq \Phi_n(u_{n+m}) - \Phi_n(u_n)\end{aligned}$$

und

$$\varrho_{\Phi_n}(u_{n+m}, u_n) \leqq \frac{1}{2}(d_n + \varepsilon) + \frac{1}{2}(d_n + \varepsilon) - d_n = \varepsilon .$$

(2.11) liefert

$$||u_{n+m} - u_n||^2 \leqq 8\,\varepsilon .$$

Wegen der Vollständigkeit von H_0 existiert ein Grenzelement $u_0 \in H_0$ mit

$$\lim u_n = u_0 .$$

Damit ist Hilfssatz 1 bewiesen.

---

[1]) Diese Voraussetzung bedeutet, daß die durch w repräsentierten Belastungen S_i und X_i nicht zu unbeschränkter plastischer Deformation führen [6].

Hilfssatz 2: u_0 ist ein statisch zulässiges Feld, und es gilt $\Phi(u_0) = d$. Wegen (2.10), (2.12) und (2.13) gilt

$$\left|\frac{1}{2}\int\limits_{\Omega}\int\limits_{0}^{T^2[w+u_n]} f_0(\xi)\,d\xi\,d\Omega\right| = \frac{1}{n}\,|\,\Phi_n(u_n) - ||w + u_n||^2| \leqq \frac{1}{n}\,(\Phi(u^*) + \Phi(0))\,,$$

also

$$\lim_{n\to\infty} \Phi_0(u_n) = \lim_{n\to\infty} \int\limits_{\Omega}\int\limits_{0}^{T^2[w+u_n]} f_0(\xi)\,d\xi\,d\Omega = 0 .$$

Die Stetigkeit von Φ_0 auf H_0 liefert

$$0 = \Phi_0(u_0) = \int\limits_{\Omega}\int\limits_{0}^{T^2[w+u_0]} f_0(\xi)\,d\xi\,d\Omega .$$

Aus einem Satz über das LEBESGUEsche Integral folgt

$$T^2\,[u_0 + w] \leqq k^2 \qquad \text{fast überall in } \Omega\,,$$

d. h., u_0 ist statisch zulässiges Feld. Es gilt

$$0 \leqq \Phi(u_0) - \Phi_n(u_n) = \Phi_n(u_0) - \Phi_n(u_n) \leqq ||u_0 + w||^2 - ||u_n + w||^2 \leqq$$
$$\leqq ||u_0 - u_n||^2 + 2\,||u_n + w||\,||u_n - u_0|| \leqq \varepsilon .$$

Durch Grenzübergang finden wir

$$\Phi(u_0) = d .$$

Damit ist Hilfssatz 2 bewiesen.

Ist jetzt u ein beliebiges statisch zulässiges Feld, dann gilt

$$\Phi_n(u_n) \leqq \Phi_n(u) = \Phi(u) .$$

Durch Grenzübergang finden wir

$$\Phi(u_0) = d \leqq \Phi(u)\,,$$

d. h. aber, u_0 ist eine Lösung im Sinne von Definition 2.

Wir zeigen noch die Einzigkeit von u_0.

Es sei u_0^1 eine weitere Lösung. Dann gilt

$$\Phi(u_0^1) = \Phi(u_0) = d .$$

Ist nun $\varepsilon_i > 0$ eine beliebige Nullfolge, dann gibt es zu jedem ε_i wegen (2.14) ein $n(i)$ mit

$$\varrho_{\Phi_n}(u_0^1, u_n) \leqq \varepsilon_i \qquad \text{und} \qquad ||u_0 - u_n|| \leqq \varepsilon_i .$$

Wegen (2.11) gilt

$$||u_0^1 - u_0|| \leqq ||u_0^1 - u_n|| + ||u_n - u_0|| \leqq 4\,\varepsilon_i$$

und daher

$$u_0^1 = u_0 .$$

Der Satz 3 ist vollständig bewiesen.

Satz 4

Voraussetzung:

1. Es existiert ein Spannungsfeld $\sigma_{ij} = \sigma$, das der Theorie von PRANDTL und REUSS genügt.
2. Die Voraussetzung von Satz 1.

Behauptung: $\sigma - w$ ist die Lösung des Minimumproblems von HAAR und v. KÁRMÁN.

Beweis: Zunächst genügt $\sigma - w \in H_0$ der Bedingung (2.5). Es sei u ein beliebiges statisch zulässiges Feld. Da M_0 dicht in H_0 ist, existiert eine Folge $\{u_i\} \subset M_0$ mit

$$\lim_{i\to\infty} u_i = u .$$

Wir setzen im Beweis von Satz 1 $\sigma^* = w + u_i$. (1.12) und (1.13) bleiben dann wegen der CAUCHY-SCHWARZschen Ungleichung richtig, wenn wir zum Grenzwert übergehen. Wir können daher in (1.14) σ^* durch $u + w$ ersetzen und finden so

$$\Phi(u) - \Phi(\sigma - w) \geqq 0 .$$

Damit ist Satz 4 bewiesen.

Folgerung aus Satz 4:

Gilt die Voraussetzung von Satz 1, dann gibt es höchstens ein Spannungsfeld, das der Theorie von PRANDTL und REUSS genügt. Existiert ein solches Spannungsfeld, dann hat es die Darstellung

$$u_0 + w ,$$

wo u_0 die Lösung des Problems von HAAR und v. KÁRMÁN bezeichnet.

3. Verfahren zur Konstruktion von Näherungslösungen

Der Raum H_0 sei jetzt separabel. Es sei $\{\varphi_n\}$ ein in H_0 vollständiges System von „Koordinatenfunktionen", u_n sei wieder das Minimalelement von Φ_n. Wir geben ein Verfahren zur Konstruktion von Näherungslösungen für u_n an.

Wir setzen

$$u_n^0 = 0 , \qquad u_n^i = \sum_{\nu=1}^{i} a_{n\nu}^i \varphi_\nu, \qquad i = 1, 2, \ldots \tag{3.1a}$$

und bestimmen die $a_{n\nu}^i$ $(\nu = 1, 2, \ldots, i)$ aus dem Gleichungssystem

$$[u_n^i \cdot \varphi_\nu] = [u_n^{i-1} \cdot \varphi_\nu] - \frac{1}{2(n+1)} \int_\Omega \Big\{ f_n (T^2 [u_n^{i-1} + w]) \, T[u_n^{i-1}, \varphi_\nu] + \frac{1}{K} s [u_n^{i-1} + w] \, s[\varphi_\nu] \Big\} d\Omega \qquad \nu = 1, \ldots, i . \tag{3.1b}$$

Bemerkung:

(3.1b) stellt ein System linearer algebraischer Gleichungen dar, dessen Determinante die GRAMsche Determinante der Felder $\varphi_1 \ldots \varphi_i$ ist.

Satz 5

Behauptung: Die durch die Iterationsvorschrift (3.1a, b) definierte Folge $\{u_n^i\}_{i=1,2}$ konvergiert in H_0 gegen u_n.

Beweis: Das Verfahren (3.1a, b) ist Spezialfall eines allgemeineren Iterationsverfahrens zur Bildung von Minimalfolgen für nichtquadratische Funktionale der Elastizitäts- und Plastizitätstheorie. Der Konvergenzbeweis für dieses Verfahren wurde in [7] geführt.

Bemerkung 1

Für hinreichend große n und i gilt

$$||u_0 - u_n^i|| \leqq ||u_0 - u_n|| + ||u_n - u_n^i|| \leqq \varepsilon ,$$

d. h., das Iterationsverfahren (3.1a, b) liefert Näherungslösungen für u_0.

Bemerkung 2

Bezeichnet v_n^k das Minimum des Funktionals Φ_n auf der linearen Hülle $H_0^{(k)}$ der Funktionen $\{\varphi_1 \ldots \varphi_k\}$, dann erhält man v_n^k als Grenzwert des folgenden Iterationsverfahrens:

$$v_n^{k,0} = u_n^k, \qquad v_n^{k,i} = \sum_{\nu=1}^{k} b_{n\,\nu}^{k,i}\, \varphi_\nu , \qquad i = 1, 2, \ldots . \tag{3.2a}$$

Dabei müssen die $b_{n\nu}^{k,i}$ aus dem linearen algebraischen Gleichungssystem

$$[v_n^{k,i} \cdot \varphi_\nu] = [v_n^{k,i-1} \cdot \varphi_\nu] - \frac{1}{2(n+1)} \int_\Omega \{f_n (T^2[v_n^{k,i-1}])\, T[v_n^{k,i-1}, \varphi_\nu] +$$

$$+ s\,[v_n^{k,i-1} + w]\, s[\varphi_\nu]\}\, d\Omega \qquad \nu = 1 \ldots k \tag{3.2b}$$

bestimmt werden. Der Beweis dieser Tatsache wird in [7] geführt. Bei Verwendung einer geringen Anzahl von Koordinatenfunktionen ist (3.2a, b) zur Verbesserung der durch (3.1a, b) gegebenen Näherungen geeignet.

4. Das ebene Spannungs- und das ebene Verzerrungsproblem

Im folgenden werden wir zeigen, wie sich die bisher für das räumliche elastisch-plastische Spannungsproblem durchgeführten Betrachtungen auf die Probleme des ebenen Verzerrungs- und Spannungszustandes übertragen lassen. Es sei Ω das den betrachteten Zustand definierende Gebiet der x,y-Ebene. Wir setzen Ω der Einfachheit halber als einfach zusammenhängend voraus. Γ sei der Rand von Ω[1]). Mit M_0 bezeichnen wir jetzt die lineare Menge der in $\bar{\Omega}$ dreimal stetig differenzierbaren Funktionen u, die den homogenen Randbedingungen

$$u_{|\Gamma} = \frac{\partial u}{\partial n}_{|\Gamma} = 0 \tag{4.1}$$

[1]) Wir setzen voraus: $\Gamma = \Gamma_s$, d. h. auf ganz Γ sind die Spannungen vorgegeben. Die Betrachtungen bleiben jedoch richtig, wenn nur auf einem Teil von Γ die Spannungen vorgegeben sind, auf dem übrigen Teil dagegen die Verschiebungen verschwinden.

genügen. Es sei w eine dreimal stetig differenzierbare Funktion, die den in bekannter Weise (s. z. B. [5]) durch die äußeren Belastungen vorgegebenen inhomogenen Randbedingungen genügt. (Für w kann man z. B. die AIRYsche Spannungsfunktion des linear elastischen Problems wählen.) Den Funktionen $u + w$ mit $u \in M_0$ ordnen wir in üblicher Weise [5] Spannungsfelder zu. Diese genügen den Gleichgewichtsbedingungen. Die den Spannungen entsprechenden Invarianten s und T haben die folgende Form

$$\left.\begin{aligned} s_1[u] &= \frac{1}{2}\Delta u\,, \\ T_1^2[u] &= \left(\frac{\partial^2 u}{\partial x\,\partial y}\right)^2 + \frac{1}{4}\left(\frac{\partial^2 u}{\partial x^2} - \frac{\partial^2 u}{\partial y^2}\right)^2 \end{aligned}\right\} \tag{4.2}$$

im ebenen Verzerrungsproblem[1]) und

$$\left.\begin{aligned} s_2[u] &= \frac{1}{3}\Delta u\,, \\ T_2^2[u] &= \left(\frac{\partial^2 u}{\partial x\,\partial y}\right)^2 + \frac{1}{3}\left[\left(\frac{\partial^2 u}{\partial x^2}\right)^2 + \left(\frac{\partial^2 u}{\partial y^2}\right)^2 - \frac{1}{2}\frac{\partial^2 u}{\partial x^2}\frac{\partial^2 u}{\partial y^2}\right] \end{aligned}\right\} \tag{4.3}$$

im ebenen Spannungsproblem. Die Vervollständigung von M_0 bezüglich der mit (4.2) bzw. (4.3) gebildeten Norm (2.4) liefert vollständige HILBERTräume H_0^1 bzw. H_0^2, für die

$$H_0^1,\ H_0^2 \subset W_2^{(2)}(\Omega)$$

gilt.

Definition 1'

Genügt eine Funktion $u \in H_0^1$ bzw. $u \in H_0^2$ der Ungleichung

$$T_1^2\,[u + w] \leqq k^2 \quad \text{bzw.} \quad T_2^2\,[u + w] \leqq k^2 \quad \text{fast überall in } \Omega\,,$$

dann nennen wir u eine für das ebene Verzerrungs- bzw. Spannungsproblem statisch zulässige Funktion.

Definition 2'

Eine für das ebene Verzerrungs- bzw. Spannungsproblem statisch zulässige Funktion nennen wir Lösung des Minimumproblems von HAAR und v. KÁRMÁN für das ebene Verzerrungs- bzw. Spannungsproblem, wenn sie dem Funktional

$$\Phi_1(u) = \Psi_1(u + w) = \frac{1}{2}\int_\Omega \left\{\frac{1}{K}\,s_1^2\,[u + w] + \frac{1}{G}\,T_1^2\,[u + w]\right\} d\Omega \tag{4.4}$$

bzw.

$$\Phi_2(u) = \Psi_2(u + w) = \frac{1}{2}\int_\Omega \left\{\frac{1}{K}\,s_2^2\,[u + w] + \frac{1}{G}\,T_2^2\,[u + w]\right\} d\Omega \tag{4.5}$$

den Minimalwert gegenüber allen anderen für den ebenen Verzerrungs- bzw. Spannungszustand zulässigen Funktionen erteilt.

---

[1]) Unter der Voraussetzung der Inkompressibilität auch im elastischen Bereich.

Unter Zugrundelegung der Definitionen 1′ und 2′ lassen sich die für das räumliche Problem erhaltenen Ergebnisse übertragen. Speziell gelten die Sätze 3, 4 und 5.

Bemerkung: Man überzeugt sich durch partielle Integration, daß die in Definition 2′ formulierten Minimumprobleme für die Funktionale (4.4) und (4.5) äquivalent sind den entsprechenden Minimumproblemen für die Funktionale

$$\Phi_1'(u) = \int_\Omega T_1^2\,[u + w]\,d\Omega \qquad \text{und} \qquad \Phi_2'(u) = \int_\Omega T_2^2\,[u + w]\,d\Omega\,.$$

5. Numerische Beispiele

a) Das dickwandige Rohr unter Innendruck (ebener Verzerrungszustand)

Wir betrachten ein dickwandiges Rohr unter dem Innendruck p, das sich im ebenen Verzerrungszustand befindet. Wir führen ein Zylinderkoordinatensystem $\{0, r, \varphi, z\}$ ein und lassen dessen z-Achse mit der Rohrachse zusammenfallen. Für w wählen wir die Funktion

$$w = p\,\frac{a^2}{b^2 - a^2}\left(\frac{r^2}{2} - b^2 \ln r\right),$$

(a = Innenradius, b = Außenradius)

d. h. die Airy-Funktion des linear-elastischen Problems. Ein in dem passenden Raum H_0 vollständiges System linear unabhängiger Koordinatenfunktionen bilden die Funktionen

$$\varphi_1 = \frac{1}{8}\left(\frac{r-a}{b-a} + 1\right)^4 - \frac{1}{2}\left(\frac{r-a}{b-a} + 1\right)^3 + \frac{1}{2}\left(\frac{r-a}{b-a} + 1\right)^2,$$

$$\varphi_\nu = (r-a)^2\,(r-b)^2\,P_{\nu-2} \qquad \nu = 2, 3, \ldots\,.$$

Dabei trägt φ_1 dem zweifachen Zusammenhang des betrachteten Kreisringgebietes Rechnung. $P_{\nu-2}$ bezeichnet das $(\nu - 2)$te Legendre-Polynom. Zur Konstruktion von Näherungen für die elastisch-plastische Lösung u_0 benutzen wir das durch die Beziehungen (3.1a, b) definierte Verfahren und setzen $n = 100$. Für $b/a = 2$ und $p = 1{,}248\,k$ finden wir[1])

$$u_{100}^8 = \sum_{\nu=1}^{8} a_{100\,\nu}^8\,\varphi_\nu\,,$$

mit

$\nu =$	1	2	3	4	5	6	7	8
$a_{100\,\nu}^8$	0,591	−0,571	0,087	0,032	−0,004	−0,009	0,003	0,001

[1]) Die numerischen Rechnungen wurden auf einem Rechenautomaten ZRA 1 durchgeführt.

Die der Näherungslösung u_{100}^{8} zugeordneten Spannungen sind gemeinsam mit den entsprechenden Spannungen der von Prager und Hodge [9] angegebenen exakten Lösung und den Spannungen der Funktion w in den Abb. 2 und 3 dargestellt. (1 elastische Lösung w, 2 Näherungslösung u_{100}^{8}. 3 exakte Lösung nach Prager-Hodge).

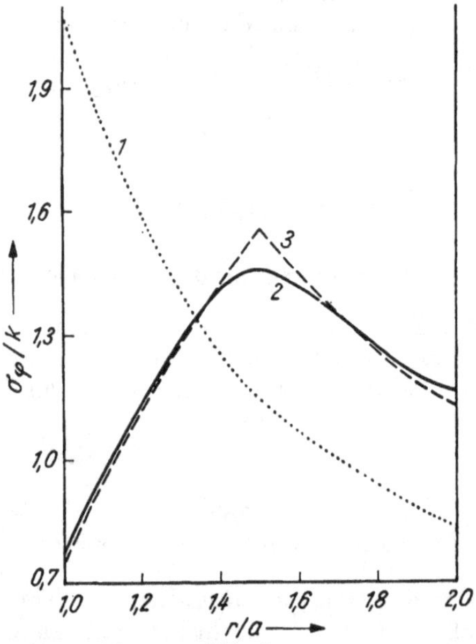

Abb. 2

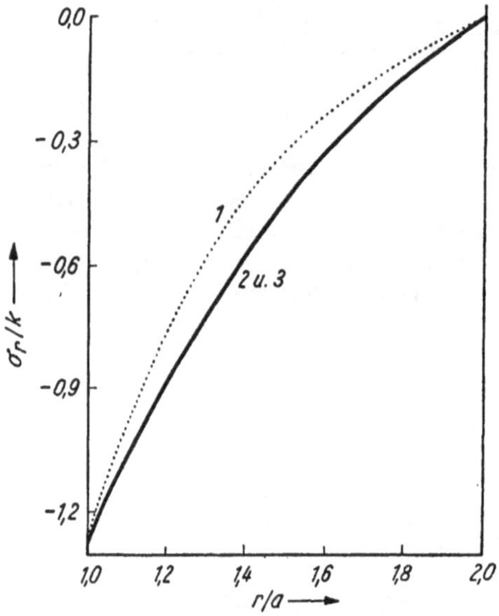

Abb. 3

b) Die tiefgekerbte, gezogene Scheibe (ebener Spannungszustand)

Wir führen durch die Beziehungen

$$x = \sinh u \cos v\,, \qquad y = \cosh u \sin v$$

elliptische Koordinaten ein und betrachten eine durch die Kraft P gezogene Scheibe der Dicke d, die durch die Beziehungen

$$|u| \leqq u_0 = 3\,, \qquad |v| \leqq v_0 = 1{,}1 \tag{5.1}$$

definiert wird (s. Abb. 4). Die Scheibe kann wegen des SAINT-VENANTschen Prinzips als tiefgekerbte Scheibe im Sinne von NEUBER [10] angesprochen werden. $\left(\text{Es gilt } \frac{a}{\varrho} = 3{,}84;\ \frac{t}{\varrho} = 39.\right)$ Für w wählen wir die von NEUBER [10] angegebene Lösung des linear elastischen Problems:

$$w = \cosh u\,(A\,v \sin v + B \cos v)\,, \tag{5.2}$$

mit

$$B = A \sin v_0 \qquad \text{und} \qquad P = 2\,dA\,(v_0 + \sin v_0 \cos v_0)\,.$$

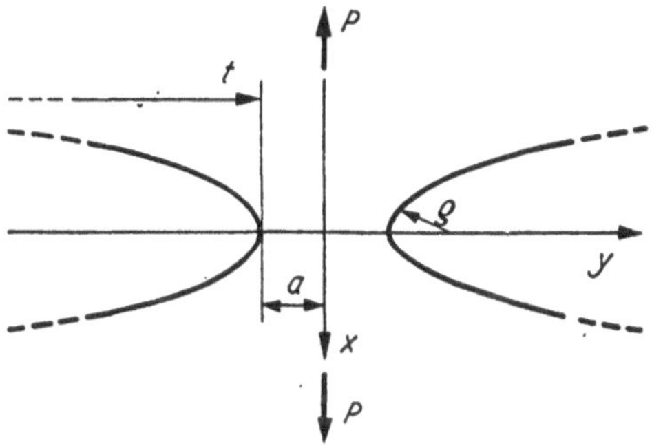

Abb. 4

Ein in dem passenden Raum H_0 vollständiges System linear unabhängiger Koordinatenfunktionen bilden die Funktionen

$$\varphi_1 = w\,, \quad \varphi_2 = w \cos 2v\,, \quad \varphi_3 = w \cosh 2u\,, \quad \varphi_4 = w \cos 4v\,,$$
$$\varphi_5 = w \cos 2v \cosh 2u\,, \quad \varphi_6 = w \cosh 4u, \ldots .$$

mit

$$w = (u^2 - u_0^2)^2\,(v^2 - v_0^2)^2\,.$$

Zur Konstruktion von Näherungen für die elastisch-plastische Lösung u_0 benutzen wir das Verfahren (3.1a, b), jetzt aber unter Berücksichtigung der in der Bemerkung 2 zu Satz 5 erwähnten Verbesserung (3.2a, b). Wir setzen wieder $n = 100$.

Für $\frac{P}{2\,d\,a} = 2{,}00\,k$ finden wir [1])

$$v_{100}^{6,\,13} = \sum_{\nu=1}^{6} b_{100\,\nu}^{6,\,13}\,\varphi_\nu$$

[1]) Die numerischen Rechnungen wurden auf einem Rechenautomaten ZRA 1 durchgeführt.

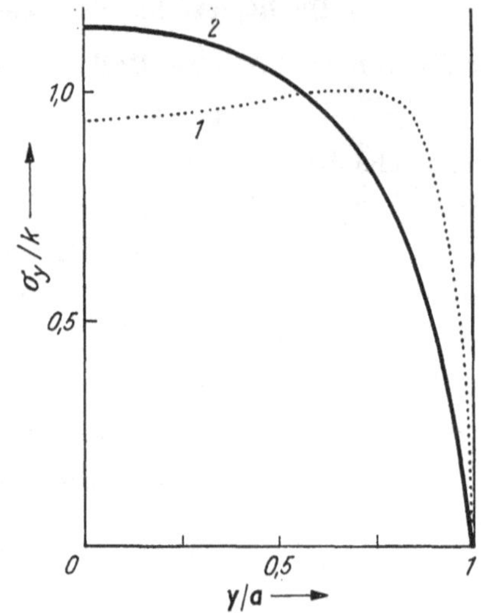

Abb. 6

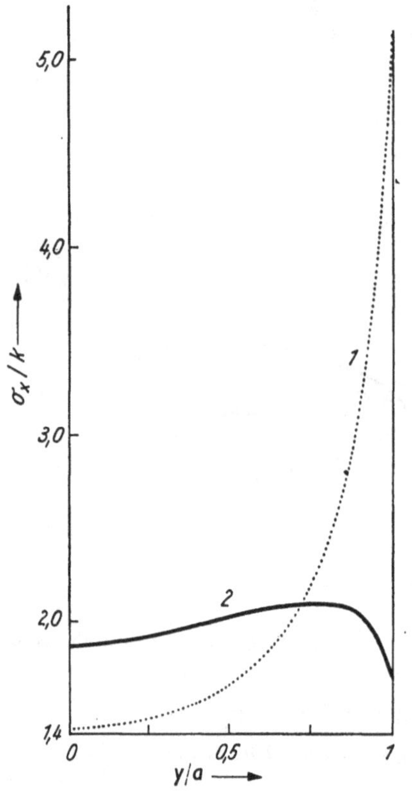

Abb. 5

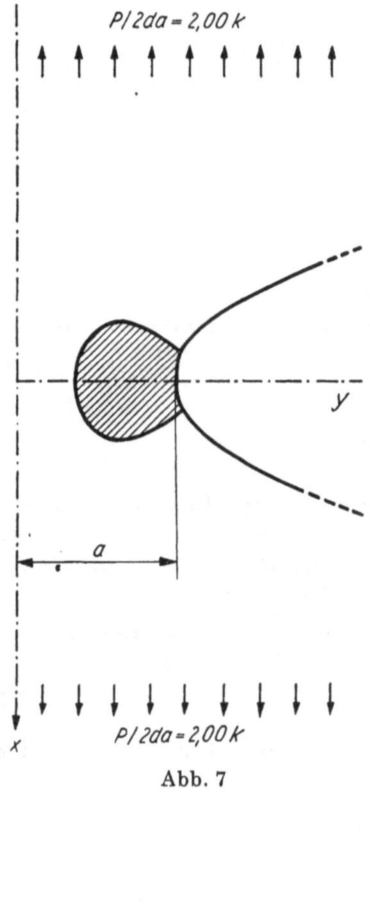

Abb. 7

mit

ν	1	2	3	4	5	6
$b^{6,13}_{100\,\nu} \cdot 10^2$	−0,1317	−0,0169	0,0314	0,0035	0,0010	−0,0006

Die der Näherung $v^{6,13}_{100}$ zugeordneten Spannungen im Kerbgrund ($u = 0$, bzw. $x = 0$) sind in den Abb. 5 und 6 zusammen mit den entsprechenden Größen der Funktion w dargestellt. Abb. 7 zeigt die der betrachteten Zugkraft entsprechende, durch $v^{6,13}_{100}$ gegebene plastische Zone.

Die in den Abb. 5, 6 und 7 dargestellten Ergebnisse zeigen gute qualitative Übereinstimmung mit Ergebnissen, die THEOCARIS und MARKETOS [11] mit spannungsoptischen Methoden für ähnliche Probleme erhalten haben.

Zusammenfassung

In der vorliegenden Arbeit wird eine auf dem Minimalprinzip von HAAR und v. KÁRMÁN basierende Methode zur näherungsweisen Ermittlung der Spannungsverteilung proportional belasteter elastisch-idealplastischer Körper angegeben, die auf lineare algebraische Gleichungssysteme führt. Die zunächst für das dreidimensionale Problem durchgeführten Untersuchungen werden auf das ebene Verzerrungs- und das ebene Spannungsproblem übertragen. Als Anwendungsbeispiele werden das LAMÉsche Problem des dickwandigen Rohrs unter Innendruck (ebener Verzerrungszustand) und eine gezogene Scheibe mit tiefer Kerbe (ebener Spannungszustand) numerisch behandelt. Die für das LAMÉsche Problem erhaltene Näherungslösung wird mit der bekannten exakten Lösung verglichen.

Dr. HERBERT GAJEWSKI,
Deutsche Akademie der Wissenschaften
zu Berlin,
Institut für Angewandte Mathematik
und Mechanik

Literatur

[1] HAAR, A., v. KÁRMÁN, TH., Zur Theorie der Spannungszustände in plastischen und sandartigen Medien. Göttinger Nachr., math. phys. Kl. 1909, S. 204–218.
[2] GREENBERG, H. J., On the variational principles of plasticity. Report All–S4, Grad. Div. Appl. Math., Brown University, March 1949.
[3] KOITER, W. T., General Theorems for Elastic-Plastic Solids. Progress in Solids Mechanics, Kap. 4, Vol. 1, North-Holland Publishing Comp., Amsterdam, (1960).
[4] PRAGER, W., Probleme der Plastizitätstheorie. Birkhäuser Verlag, Basel 1955.
[5] LANGENBACH, A., Variationsmethoden in der nichtlinearen Elastizitäts- und Plastizitätstheorie. Wiss. Zeitschrift Humboldt-Univ. Berlin, math. nat. Reihe IX (1959/60).
[6] GAJEWSKI, H., Ein Verfahren zur Konstruktion statisch zulässiger Spannungsfelder. ZAMM 47, Heft 1 (1967).
[7] GAJEWSKI, H., Über einige konstruktive Näherungsverfahren in der nichtlinearen Elastizitäts- und Plastizitätstheorie. Diss. Humboldt-Univ. Berlin, 1966.

[8] GAJEWSKI, H., Ein konstruktiver Existenz- und Einzigkeitsnachweis der Lösung des elastisch-plastischen Torsionsproblems für prismatische Stäbe. Math. Nachrichten **35**, H. 3/4 (1967) 153–168.
[9] PRAGER, W., HODGE, P. G., Theorie idealplastischer Körper. Springer-Verlag, Wien 1954.
[10] NEUBER, H., Kerbspannungslehre. 2. Aufl., Springer-Verlag, Berlin–Göttingen–Heidelberg 1958.
[11] THEOCARIS, P. S., and MARKETOS, E., Elastic-plastic strain and stress distribution in notched plates under plane stress. Journal of the Mechanics and Physics of Solids Vol. **11**, Nr. 6 (1963) 411–428.

Eine Verbindung der Spannungsoptik mit der Dehnungsgittermethode[1])

J. Heymann

1. Bisherige Entwicklung und Problemstellung

Die zur Lösung elastostatischer Probleme entwickelten Verfahren der Modellmechanik beruhen entweder auf Dehnungs- oder Spannungsmessungen. Je nach dem angewandten Verfahren werden mechanisch, optisch, elektrisch oder kombiniert arbeitende Geräte benutzt. Die Wahl des Untersuchungsverfahrens hängt dabei in erster Linie vom Konstruktionsteil und von der Aufgabenstellung ab. Während wir bei einer spannungsoptischen Untersuchung als Ergebnis die Hauptspannungsdifferenz und bei bestimmten Randbedingungen die Randspannungen direkt erhalten, müssen bei den anderen Verfahren die Spannungswerte über das entsprechende Hookesche Gesetz aus den ermittelten Dehnungswerten berechnet werden. Man kann so von zwei Hauptwegen sprechen, die sich auf diese Weise herausgebildet haben.

In den vergangenen Jahren wurden an unserem Institut besonders zwei Verfahren der Modellmechanik, die *Spannungsoptik* und die eine Abart der Dehnungsgittermethode darstellende *Gummimodellmethode*, erfolgreich zur Lösung von Grundlagen- und Industrieproblemen eingesetzt.

Die Spannungsoptik hat sich seit einigen Jahrzehnten einen festen Platz bei Modelluntersuchungen von Bauteilen erobert. Bezüglich ihrer Grundlagen sei auf die einschlägige Literatur, z. B. [1, 2, 3], verwiesen. Als Modellwerkstoff wird heute vornehmlich Epoxidharz benutzt. Dieses Harz besitzt bei Raumtemperatur und der Wellenlänge $\lambda = 589{,}3$ nm folgende Werte:

Elastizitätsmodul	E	=	32000–38000 kp/cm²,
spannungsoptische Konstante	S	=	10,5– 11,4 kp/(Ordn. cm),
dehnungsoptische Konstante	D	=	3050– 3300 Ordn./cm,
Querdehnzahl	ν	=	0,3.

Die Dehnungsgittermethode ist dagegen verhältnismäßig neu. Sie beruht auf der Verwendung eines elastischen Modellwerkstoffes mit niedrigem Elastizitätsmodul. Rozanov [4] und Mejzlik [5] untersuchten Wasserbauten mit Modellen aus Walzmasse.

Vocke [6, 7, 8], Müller [9] und Ullmann [10, 11] benutzten zur Untersuchung von Kraftmaschinenteilen einen geeigneten Gummi als Modellwerkstoff. Diese Gummimodellmethode ist ihrem Wesen nach der Dehnungsgittermethode gleichzusetzen. In beiden Fällen werden die auf die Modelloberfläche aufgebrachten Gitter, Linien oder die Entfernung benachbarter Punkte im unbelasteten und belasteten Zustand ausgemessen. Daraus wird im entsprechenden Modellpunkt die Dehnung berechnet.

[1]) Habilitationsschrift Technische Hochschule Karl-Marx-Stadt, Fakultät für Mathematik und Naturwissenschaften, 1966.

Bei Raumtemperatur betragen

der Elastizitätsmodul

von Walzmasse	E =	0,5–2,0 kp/cm²,
von Gummi	E =	15–25 kp/cm²,

die Querdehnzahl

von Walzmasse	ν =	0,4,
von Gummi	ν =	0,3–0,5.

Damit ergeben sich bereits bei kleinen Belastungen größere Verformungen, die ein genaues Ausmessen der Gitterpunkte gestatten. Ein weiterer Vorteil tritt bei der Versuchsdurchführung auf. Da nur geringe Modellbelastungen erforderlich sind, genügen einfache Belastungsvorrichtungen. Auch die Auswertung benötigt nur einen kleinen Aufwand. Dadurch werden die Vorbereitungszeiten und die Kosten einer Modelluntersuchung wesentlich gesenkt.

Fassen wir bestimmte Eigenschaften der Spannungsoptik und der Dehnungsgittermethode zusammen, so stellen wir folgendes fest:

Beide Verfahren beruhen auf optischen Prinzipien, und beide Verfahren messen berührungslos. Sie unterscheiden sich jedoch wesentlich in der Verwendung des Modellwerkstoffes bezüglich der Größe des Elastizitätsmoduls und der Durchsichtigkeit.

Die vorliegende Arbeit stellt sich das Ziel, erstens durch Benutzung eines geeigneten Modellwerkstoffes das Anwendungsgebiet der Spannungsoptik zu erweitern und zweitens unter bestimmten Bedingungen eine *Verbindung* der *Spannungsoptik* mit der *Dehnungsgittermethode* herzustellen und so ein neues kombiniertes Untersuchungsverfahren der Modellmechanik zu schaffen.

Gelingt es nämlich, einen durchsichtigen doppelbrechenden Modellwerkstoff mit niedrigem Elastizitätsmodul zu erzeugen, so lassen sich die Vorteile der Spannungsoptik mit denen der Dehnungsgittermethode sinnvoll vereinen. Das gleiche Modell kann dann sowohl auf spannungsoptischem Wege als auch nach der Dehnungsgittermethode untersucht werden. Da beide Verfahren voneinander unabhängig sind, ist eine leichte Fehlerkontrolle bei der Spannungsermittlung am lastfreien Rand gegeben. Darüber hinaus ergibt die Kombination beider Verfahren ein einfaches Auswerteverfahren für ebene Probleme. Auf der Grundlage des von W. VOCKE eingeführten profil-ebenen Spannungszustandes [12, 13, 14] ist es außerdem möglich, bestimmte räumliche Probleme zu untersuchen und dort die Spannungen mit großer Näherung zu ermitteln.

Nach einer Beschreibung der Güteeigenschaften, der Gießtechnologie und der Prüfung des von uns entwickelten Modellwerkstoffes zeigen einige Beispiele dessen Anwendung und die praktische Durchführung des neuen Verfahrens. Die erforderlichen Ähnlichkeitsbetrachtungen bilden den Abschluß der Arbeit.

2. Der Modellwerkstoff

In den letzten Jahren haben sich verschiedene Forscher darum bemüht, den Anwendungsbereich der experimentellen Spannungsanalyse zu erweitern. Das ließ sich u. a. durch die Auswahl neuer geeigneter Modellwerkstoffe erreichen. Weiter erscheint es angebracht, Meßergebnisse zu vergleichen, die mit Hilfe verschiedener Untersuchungsverfahren gewonnen wurden. Damit werden Meßergebnisse bestätigt, bzw. die Bereiche abgegrenzt, in denen die einzelnen Verfahren anwendbar sind. So wurde die Dehnungsgittermethode in ihren Ergebnissen mit der Spannungsoptik und der Dehnmeßstreifentechnik verglichen.

Es war wünschenswert, beiden Anliegen mit einem einzigen Experiment zu entsprechen: der Erweiterung des Anwendungsbereiches und dem Vergleich der Ergebnisse verschiedener Meßverfahren.

Mehrere Autoren [15, 16, 17] wiesen bereits darauf hin, daß sich der Elastizitätsmodul der Schweizer Araldit-Harze durch Weichmacherzusätze verringern läßt. Das gab die Anregung für Versuche, auch die Epoxidharze eigener Produktion durch Beimengung von Weichmachern zu modifizieren, um einen Modellwerkstoff mit kleinem Elastizitätsmodul zu erzeugen. Im Dibutylphthalat der Buna-Werke mit dem Handelsnamen „Palatinol“ fand sich ein dafür geeigneter Weichmacher.

2.1. Güteforderungen

An die Güte eines Modellwerkstoffes werden bestimmte Forderungen gestellt. Frocht [3] und Hiltscher [18] fordern für spannungsoptische Untersuchungen vor allem: Durchsichtigkeit, hohe optische Empfindlichkeit, lineare Spannungs-Dehnungs- und Spannungs-Ordnungs-Beziehungen, Isotropie, einen möglichst hohen Elastizitätsmodul, leichte mechanische Bearbeitbarkeit, Freiheit von Vorspannungen und Randeffekten sowie die Unabhängigkeit dieser Eigenschaften von kleinen Temperaturschwankungen. Der Modellwerkstoff, der zu Untersuchungen nach der Dehnungsgittermethode benutzt wird, soll folgende Eigenschaften besitzen: einen niedrigen Elastizitätsmodul, lineare Spannungs-Dehnungs-Beziehungen, leichte mechanische Bearbeitbarkeit sowie die Unabhängigkeit dieser Eigenschaften von kleinen Temperaturschwankungen.

Ein Vergleich zeigt, daß bis auf die Größe des Elastizitätsmoduls die geforderten Eigenschaften übereinstimmen. Da aber der niedrige Wert des Elastizitätsmoduls die Grundlage der Dehnungsgittermethode darstellt, kann es hier keinen Kompromiß geben. Der für das kombinierte Verfahren benötigte Modellwerkstoff muß demnach mit Ausnahme des Elastizitätsmoduls die gleichen Eigenschaften besitzen, wie sie für spannungsoptische Untersuchungen gefordert werden, wobei besonders drei Hauptforderungen erfüllt werden müssen:

1. niedriger Elastizitätsmodul,
2. Durchsichtigkeit,
3. leichte mechanische Bearbeitbarkeit.

2.2. Gießtechnologie

Ausgehend von den drei Hauptforderungen kommen als Modellwerkstoff nur bestimmte Kunststoffe in die engere Wahl. Sie sind jedoch nicht als Fertigprodukt erhältlich, sondern müssen im Labor selbst gegossen werden.

Eigene Versuche mit Epoxidharz ergaben, daß das Standardharz „Epilox“ EG 1 der Leuna-Werke mit Dibutylphthalat als Weichmacher sowohl für die Spannungsoptik als auch für die Dehnungsgittermethode einen geeigneten Modellwerkstoff darstellt.

Das modifizierte Gießharz besitzt einen vom Weichmachergehalt, der Härtezeit und -temperatur sowie von der Abkühlungsgeschwindigkeit abhängigen Elastizitätsmodul. Die Herstellung von Platten beliebiger Dicke kann nach den bekannten Methoden der Gießtechnik erfolgen [19 bis 22]. Der flüssige Weichmacher wird bei Raumtemperatur in das auf die übliche Weise vorbereitete Harz-Härter-Gemisch von etwa 120 °C gegeben und sorgfältig gemischt. Nach kurzem Abstehen wird gegossen. Unter- oder Überdruck ist nicht erforderlich, da infolge der Dünnflüssigkeit des Gießgutes entstehende Luftblasen leicht entweichen können. Die Gießtemperatur beträgt 100 °C. Unmittelbar nach dem Gießen erfolgt 48 Stunden lang das Härten bei einer Temperatur von 100 °C. Nach langsamem Abkühlen auf Raumtemperatur erhält man bereits vorspannungsfreie Platten aus dem Gußzustand. Außerdem weist das modifizierte Harz eine *viel geringere Neigung zu Randeffekt* auf als das Standardharz.

Die Gießformen bestehen aus Stahl- oder Glasplatten mit Distanzhaltern aus Metall oder Holz, wobei fehlerloses Fensterglas besonders glatte Oberflächen ergibt. Da aber Epoxidharz ein ausgezeichnetes Klebemittel ist, müssen alle mit dem Harz in Berührung kommenden Flächen der Form mit Formtrennmittel behandelt werden.

Dabei hat sich folgendes Verfahren beim Gießen mit Glasplatten bewährt: Silikonlack L 152[1]) wird in einer Schale mit Toluol 1:2 verdünnt. Dahinein werden die mit Tetrachlorkohlenstoff gesäuberten Glasplatten getaucht und anschließend senkrecht aufgestellt, damit überschüssiger Lack ablaufen kann. Darüber wird eine Haube gestellt. Unter dieser Haube bildet sich eine lösungsmittelgesättigte Atmosphäre, in der die bei Raumtemperatur durchzuführende Trocknung langsamer und dadurch gleichmäßiger erfolgt. Gleichzeitig dient die Haube als Staubschutz und verbessert auch dadurch die Güte des entstehenden Lackfilms. Anschließend wird der Silikonlack im Trockenschrank vier Stunden lang bei 300 °C eingebrannt. Um ein Springen der Glasplatten zu vermeiden, darf nicht zu schnell aufgeheizt und abgekühlt werden.

Als Distanzhalter werden gehobelte Holzleisten eingesetzt. Nach dem Abdichten der Form mit Duosan-Rapid werden alle Kanten mit Zeichenkarton umklebt. Als Klebemittel eignet sich dazu kalthärtendes Epoxidharz. Um ein Ausbeulen der Glasplatten durch den hydrostatischen Druck des flüssigen Harzes zu vermeiden, befindet sich die Form während des Gießens und Aushärtens in einem Glyzerinbad. Nach Abkühlung auf Raumtemperatur lassen sich die Glasplatten leicht abnehmen. Die spiegelblanken Oberflächen der Gußstücke bedürfen keiner Nachbearbeitung.

2.3. Viskoelastisches Verhalten

Der neue Modellwerkstoff ist ein hochpolymeres Harz. Zur Beschreibung seines Verhaltens sind die Gesetze der Viskoelastizität zu benutzen, die eine Verformung durch Fließen und Kriechen als Funktion der Zeit berücksichtigen.

[1]) Hersteller: VEB Chemiewerk Nünchritz.

Abb. 1 zeigt ganz allgemein den zeitlichen Verlauf der Dehnung bei konstanter Spannung mit nachfolgender Entlastung [23].

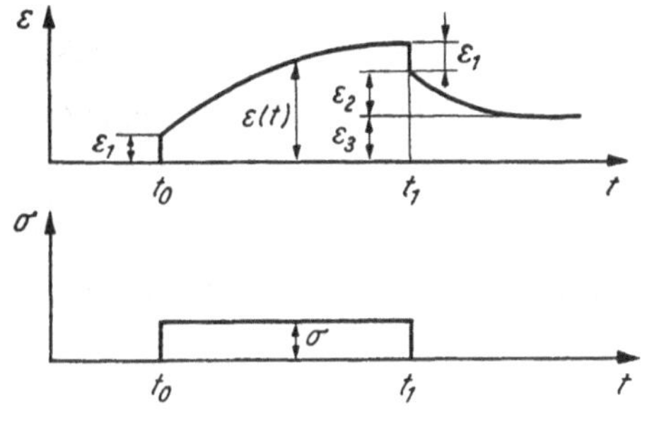

Abb. 1. Spannung und Dehnung bei allgemeinem viskoelastischen Verhalten

Die nach dem Aufbringen einer Spannung σ eintretende Gesamtdehnung $\varepsilon(t)$ beträgt

$$\varepsilon(t) = \sigma \cdot J(t) \,, \tag{1}$$

wobei $J(t)$ die Nachgiebigkeit bedeutet. Nach Abb. 1 setzt sich die Gesamtdehnung $\varepsilon(t)$ aus drei Teilen zusammen:

$$\varepsilon(t) = \varepsilon_1 + \varepsilon_2 + \varepsilon_3 \,, \tag{2}$$

die wie folgt definiert sind:

$$\varepsilon_1 = \frac{\sigma}{E_0} \,, \tag{3}$$

$$\varepsilon_2 = \frac{\sigma}{E_1} \cdot \Psi(t) \,, \tag{4}$$

$$\varepsilon_3 = \sigma \cdot \frac{t}{\eta} \,. \tag{5}$$

ε_1 stellt die Dehnung dar, die dem Hookeschen Gesetz folgt. Dieser Anteil ist zeitunabhängig und bei Belastung sofort vorhanden. E_0 bedeutet den Elastizitätsmodul für die rein Hookesche Dehnung zur Zeit $t = 0$.

Die Dehnung ε_2 beschreibt das eigentliche viskoelastische Verhalten hochpolymerer Stoffe. E_1 bedeutet den viskoelastischen Elastizitätsmodul, der nach längerer Belastungszeit einen stabilen Endwert erreicht. $\Psi(t)$ ist die Retardationsfunktion mit den beiden Grenzwerten

$$\Psi(0) = 0 \quad \text{und} \quad \Psi(\infty) = 1 \,.$$

ε_3 charakterisiert das Fließen des Stoffes, wobei η die Scherviskosität darstellt. Bei vernetzten Hochpolymeren ist aber nach Houwink [24] ein Fließen nicht möglich, da die Bindungen zwischen den einzelnen Kräften ein völliges Abgleiten verhindern. Aus dem daraus resultierenden sehr hohen Wert für die Scherviskosität η folgt somit das Verschwinden der Dehnung ε_3.

Für Gl. (2) ergibt sich nun die Form

$$\varepsilon(t) = \sigma \left[\frac{1}{E_0} + \frac{1}{E_1} \cdot \Psi(t)\right] . \tag{6}$$

Nach längerer Belastungszeit nähert sich $\Psi(t)$ dem Werte eins. Für die Gesamtdehnung ε kann dann

$$\varepsilon = \sigma \left[\frac{1}{E_0} + \frac{1}{E_1} \right] = \frac{\sigma}{E} \tag{7}$$

geschrieben werden. Hierbei bedeutet in der Gleichung

$$\frac{1}{E} = \frac{1}{E_0} + \frac{1}{E_1} \tag{8}$$

E den im statischen Versuch nach längerer Belastungszeit gemessenen Wert des Elastizitätsmoduls.

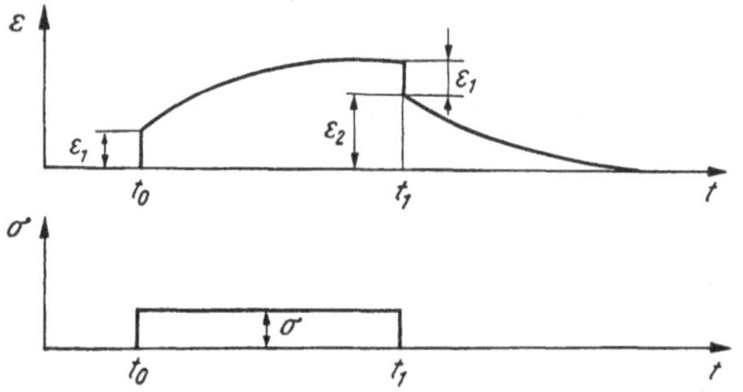

Abb. 2. Spannung und Dehnung bei vernetzten Hochpolymeren

Abb. 2 zeigt das Verhalten vernetzter Hochpolymere als Funktion der Zeit. Daraus geht noch hervor, daß das Kriechen mit wachsender Belastungszeit abnimmt und schließlich ganz verschwindet. Die Prüfung des Modellwerkstoffes muß sich deshalb auf die Ermittlung der spannungsoptischen Konstanten, des Elastizitätsmoduls, der Querdehnzahl und der Abhängigkeit dieser Eigenschaften von der Belastungshöhe und der Belastungszeit erstrecken.

2.4. Prüfung

Um zunächst einen Begriff von dem modifizierten Epoxidharz als Modellwerkstoff zu erhalten, wurde je eine Platte mit 50, 60, 80 und 100% Massenteilen Weichmacher gegossen. Die Angabe des Weichmachers bezieht sich stets auf die eingewogene Menge des reinen Harzes, während zwischen Harz und Härter ein konstantes Mischungsverhältnis von 100 Massenteilen Harz EG 1 zu 30 Massenteilen Härter 102 eingehalten wurde. Ein modifiziertes Epoxidharz mit z. B. 60% Weichmacher besteht also demnach aus 100 Massenteilen Harz EG 1, 30 Massenteilen Härter 102 und 60 Massenteilen Dibutylphthalat. Es wird im folgenden mit W 60 bezeichnet. Die Abmessung der Platten betrug 320 · 200 · 10 mm.

Wie qualitative Untersuchungen zeigten, nimmt die Nachgiebigkeit mit wachsendem Weichmachergehalt erwartungsgemäß zu. Gleichzeitig vergrößern sich aber auch die Bearbeitungsschwierigkeiten, und die Oberflächengüte der gegossenen Platten geht zurück.

Um einen Überblick über die Stoffwerte E, S und ν zu erhalten, wurden aus der für Modelluntersuchungen am günstigsten erscheinenden Platte W 60 Probestäbe mit $F = 2\ \mathrm{cm}^2$ Querschnitt und eine Kreisscheibe mit $D = 4{,}85$ cm Durchmesser gefertigt. Abb. 3 gibt den zeitlichen Verlauf des Elastizitätsmoduls und Abb. 4 den der spannungsoptischen Konstanten wieder. Nach 10 min erreichen sowohl der Elastizitätsmodul mit $E = 34\ \mathrm{kp/cm}^2$ als auch die spannungsoptische Konstante mit $S = 0{,}175$ kp/(Ordn. cm) einen konstanten Wert. Das bedeutet, daß das mechanische und das optische Kriechen dieses modifizierten Harzes bereits nach kurzer Zeit zum Stillstand gekommen ist. Das ist ein *großer Vorteil des neuen Modellwerkstoffes*, den nicht einmal die Standardharze aufweisen, da somit die Werkstoffkonstanten praktisch zeitunabhängig sind.

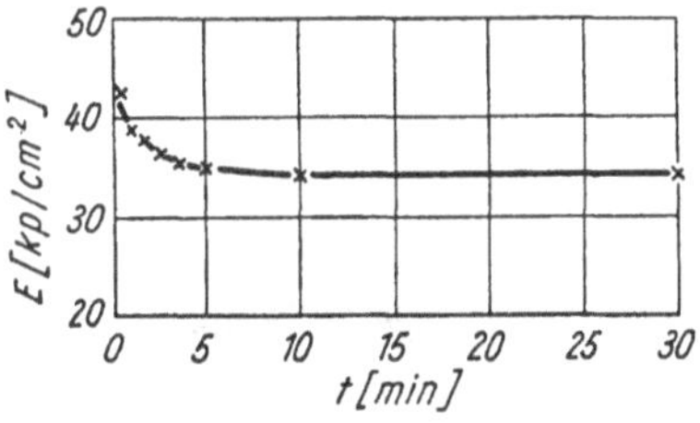

Abb. 3. Zeitlicher Verlauf des Elastizitätsmoduls von W 60 bei reinem Zug

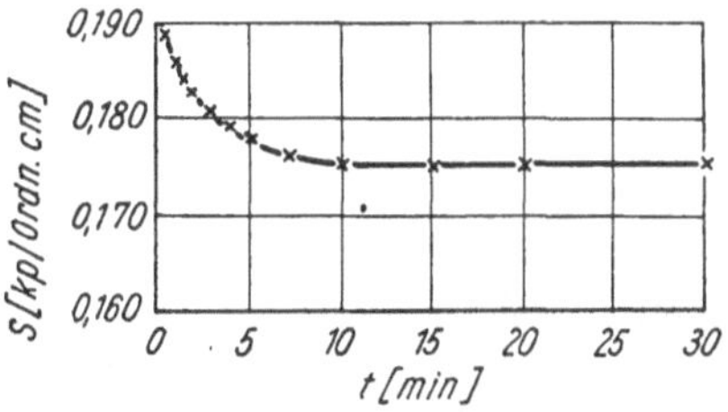

Abb. 4. Zeitlicher Verlauf der spannungsoptischen Konstanten von W 60 bei reiner Biegung

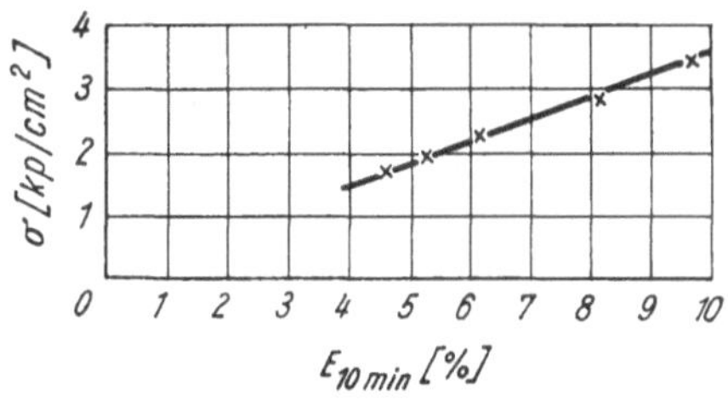

Abb. 5. Spannungs-Dehnungs-Schaubild von W 60. Meßwerte 10 min nach Belastung

Nach Abb. 5 besitzt das modifizierte Harz W 60 weitgehend das geforderte lineare Spannungs-Dehnungs-Verhalten.

Die Querdehnzahl wurde im Zugversuch zu $\nu = 0{,}45$ ermittelt. Der Eichversuch diametral gedrückte Kreisscheibe ergab nach einer Belastungszeit von 15 min für die spannungsoptische Konstante ebenfalls den Wert $S = 0{,}175$ kp pro (Ordn. cm). Alle Angaben beziehen sich auf eine Versuchstemperatur von 20 °C.

Nach diesen Ergebnissen eignet sich das modifizierte Epoxidharz prinzipiell als Modellwerkstoff. Zwar beträgt hier die dehnungsoptische Konstante nur $D = 200$ Ordn./cm, und sie liegt damit noch unter dem Wert von D im Erstarrungsverfahren, jedoch kann man dieses Gütemaß nicht absolut betrachten. Der kleine Wert der dehnungsoptischen Konstanten sagt aus, daß im Modellversuch eine große Dehnungsübertreibung vorhanden ist. Nach einem Vorschlag von W. Vocke können aber dabei auftretende Nichtlinearitäten durch Extrapolation der Dehnung gegen Null berücksichtigt werden, so daß auch bei

Dehnungsübertreibung sichere Meßwerte garantiert sind. Aus diesem Grunde interessiert auch das quantitative Verhalten modifizierter Epoxidharze mit höherem und niedrigerem Weichmacheranteil als 60%.

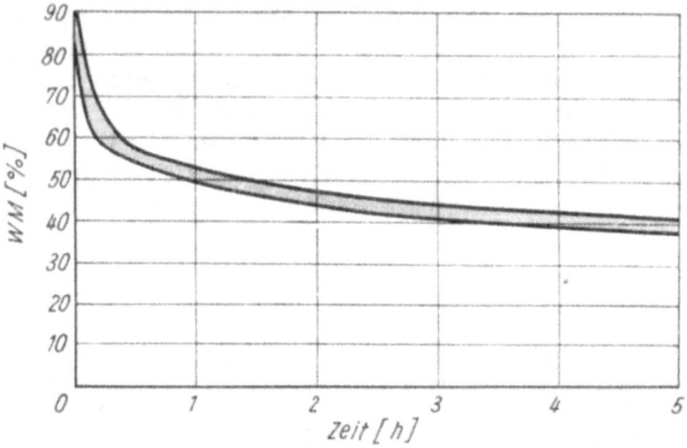

Abb. 6. Eintritt der Zeitunabhängigkeit des Elastizitätsmoduls in Abhängigkeit vom Weichmacher

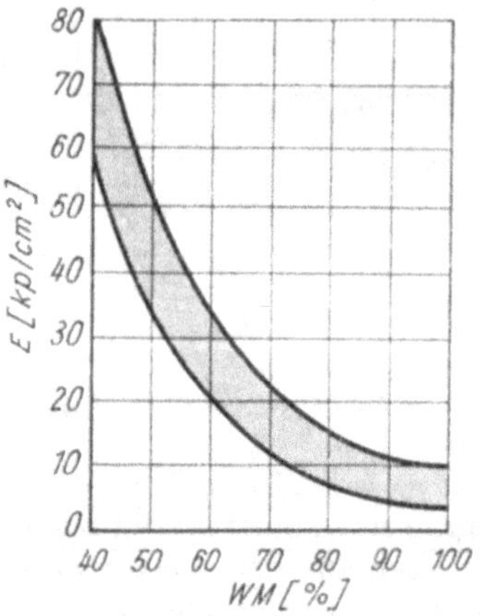

Abb. 7. Elastizitätsmodul in Abhängigkeit vom Weichmacher

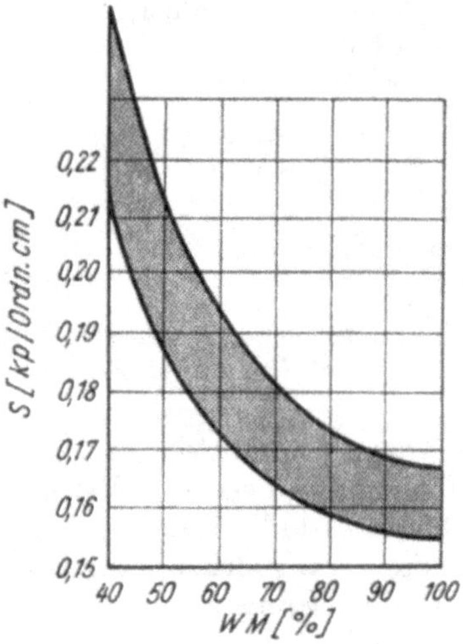

Abb. 8. Spannungsoptische Konstante in Abhängigkeit vom Weichmacher

Zu diesem Zweck wurden unter gleichen Bedingungen Probestäbe mit Weichmacheranteilen von 40 bis 100% in Abstufungen von 5 zu 5% gegossen und quantitativ ausgewertet. Wie aus Abb. 6, das den Eintritt der Zeitunabhängigkeit des Elastizitätsmoduls in Abhängigkeit vom Weichmacher darstellt, hervorgeht, eignen sich modifizierte Harze mit weniger als 50% Weichmacher nur bedingt als Modellwerkstoff, da das Kriechen erst nach längerer Belastungszeit oder überhaupt nicht mehr zum Stillstand kommt. Die Abb. 7 bis 9 zeigen Elastizitätsmodul, spannungsoptische und dehnungsoptische Konstante als Funktion des Weichmachers. Da der Elastizitätsmodul mit wachsendem Weichmacheranteil schneller abnimmt als die spannungsoptische Konstante, fällt die dehnungsoptische Konstante im gleichen Sinne. In der Streuung der Werte äußert sich der Einfluß geringer Abweichungen im Gieß- und Härteprozeß, einschließlich der Abkühlungsgeschwindigkeit.

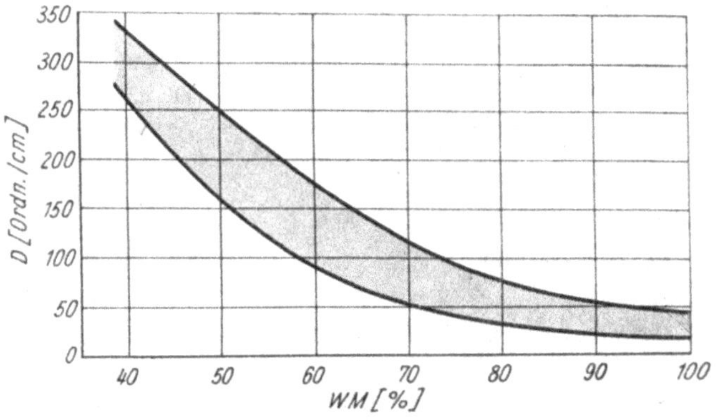

Abb. 9. Dehnungsoptische Konstante in Abhängigkeit vom Weichmacher

Um den Einfluß unterschiedlicher Härtezeiten zu ermitteln, wurden drei Stäbe aus dem modifizierten Harz W 60 nach dem Gießen 40, 48 und 63 Stunden lang bei 100 °C gehärtet und mit gleicher Geschwindigkeit abgekühlt. Abb. 10 zeigt den Elastizitätsmodul als Funktion der Belastungszeit und Abb. 11 als Funktion der Härtezeit. Danach nimmt mit wachsender Härtezeit sowohl der Elastizitätsmodul als auch die Zeitspanne bis zum Erreichen der Konstanz zu. In gleicher Weise verhält sich die spannungsoptische Konstante, wie aus Abb. 12 hervorgeht. Als Ursache hierfür kann neben stärkerer Vernetzung sicher auch ein Ausdiffundieren des Weichmachers angenommen werden. Nach Abb. 13 nimmt die dehnungsoptische Konstante D mit wachsender Härtezeit ebenfalls zu. Diese Tatsache ist aber ohne Belang, da man sie kaum ausnutzen kann, denn der Anstieg ist praktisch nur der Erhöhung des Elastizitätsmoduls zuzuschreiben. Ein niedriger Elastizitätsmodul ist aber für das Verfahren erforderlich. Die Härtezeit sollte deshalb nicht über 48 Stunden hinaus ausgedehnt

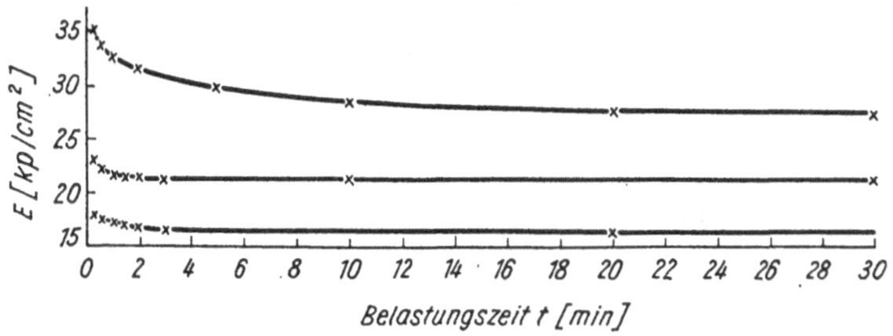

Abb. 10. Elastizitätsmodul als Funktion der Belastungszeit

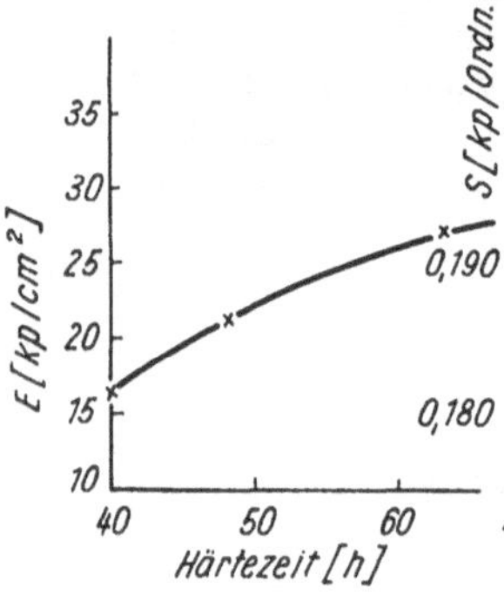

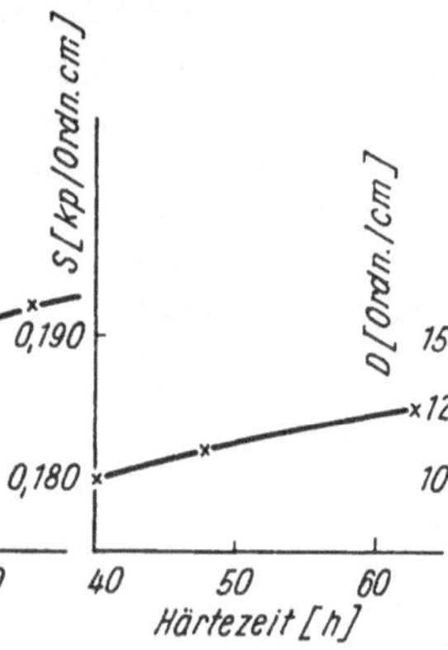

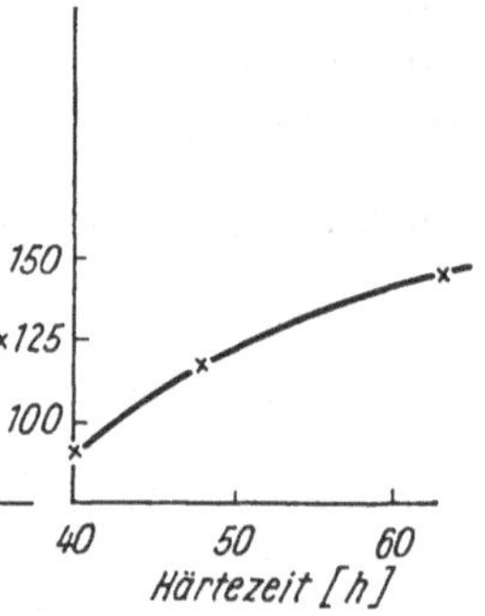

Abb. 11 Abb. 12 Abb. 13

Abb. 11. Elastizitätsmodul W 60 als Funktion der Härtezeit
Abb. 12. Spannungsoptische Konstante W 60 als Funktion der Härtezeit
Abb. 13. Dehnungsoptische Konstante W 60 als Funktion der Härtezeit

werden. Alle hier besprochenen Versuche wurden mittels eines fotografischen Negativs unter einem Komparator-Meßmikroskop ausgewertet.

Ein weiterer Versuch hatte das Ziel, den Einfluß der Gieß- und Härtebedingungen auszuschalten. Mittels der in Abb. 14 gezeigten Glasform können fünf Platten auf einmal gegossen und gehärtet werden. Hergestellt

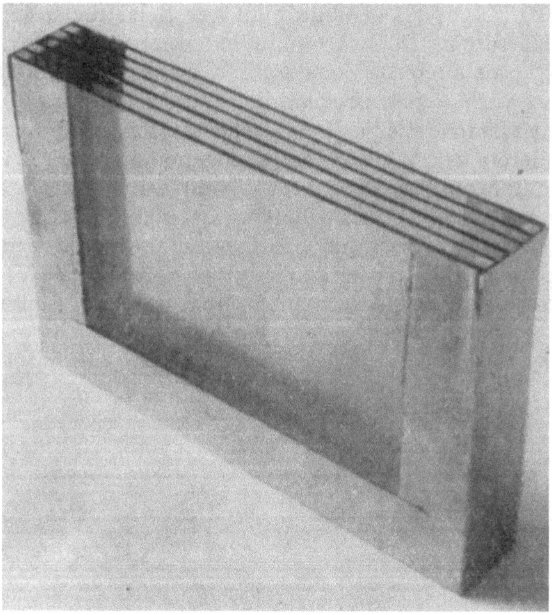

Abb. 14. Gießform aus Glasplatten

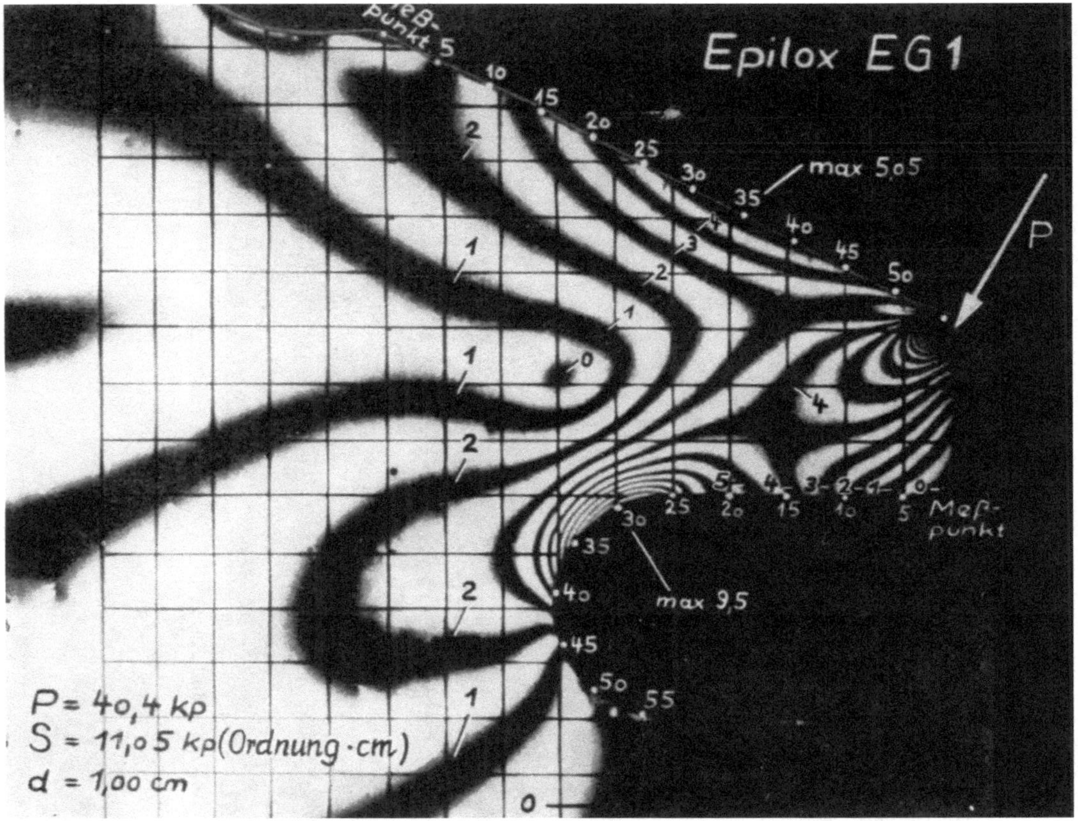

Abb. 17. Modellwerkstoff Epoxidharz Epilox EG 1. Spannungsoptische Aufnahme

TAFEL 4

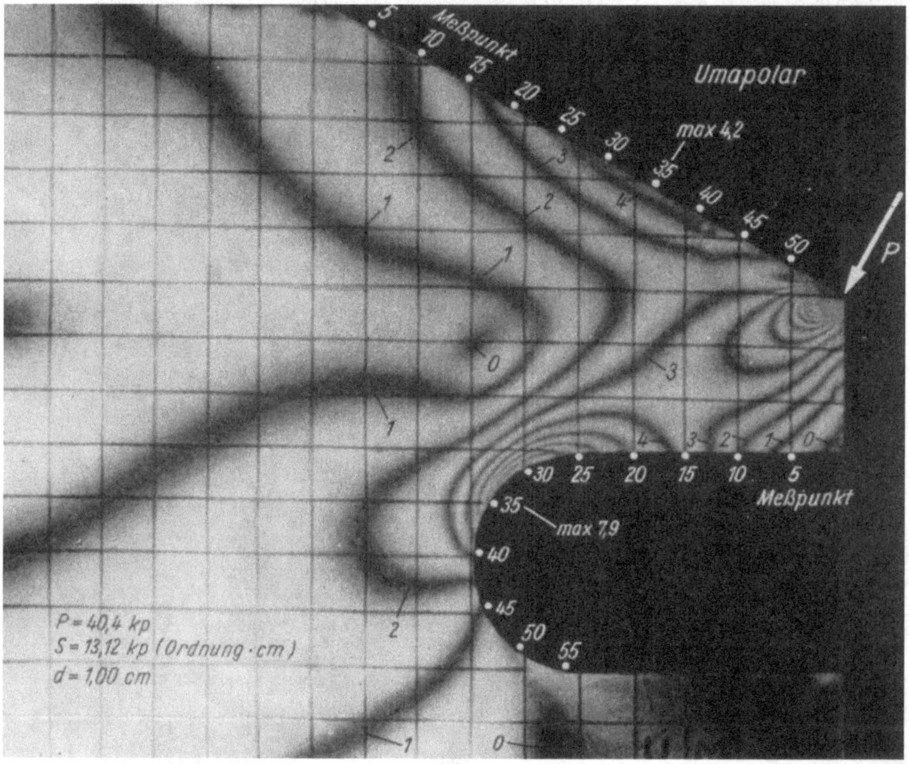

Abb. 18. Modellwerkstoff Umapolar. Spannungsoptische Aufnahme

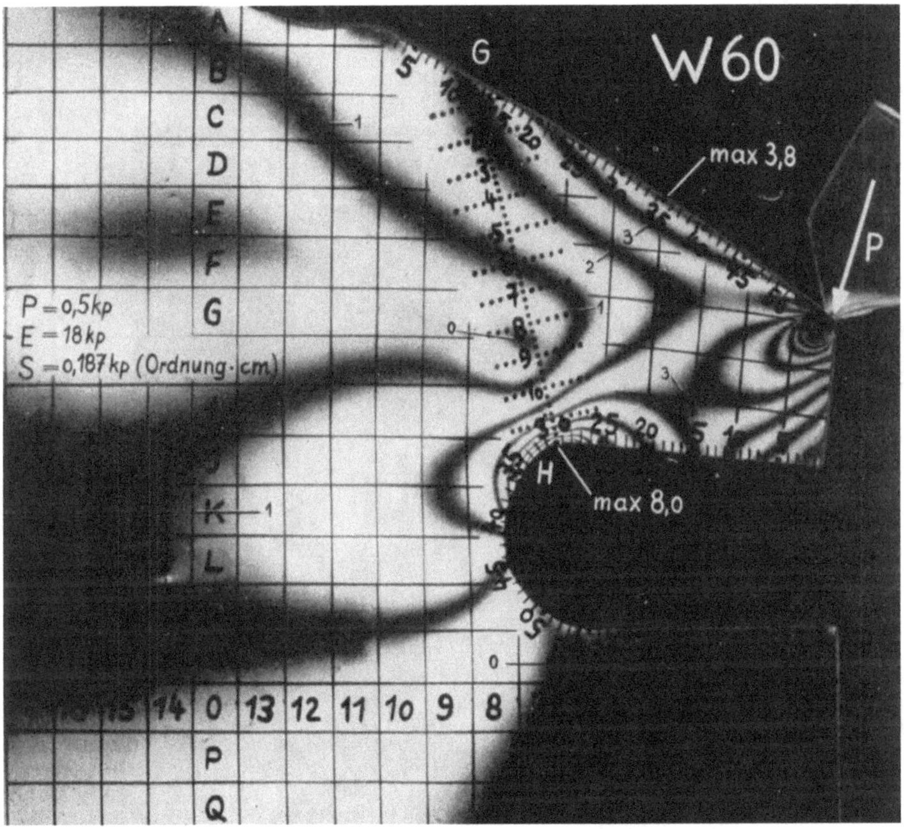

Abb. 19. Modellwerkstoff W 60. Spannungsoptische Aufnahme

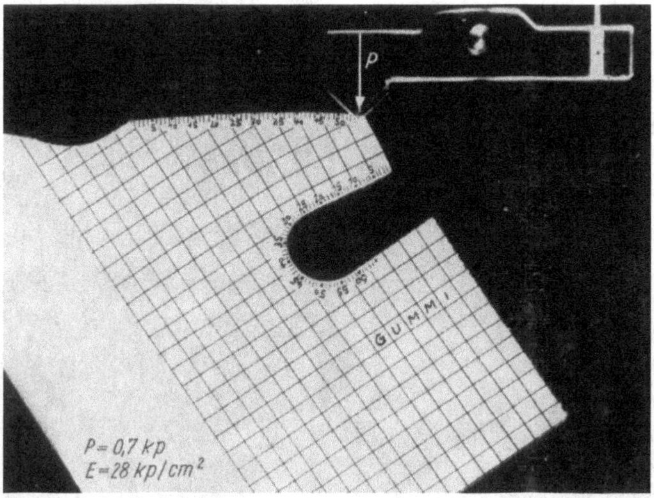

Abb. 20. Modellwerkstoff Gummi. Dehnungsgitteraufnahme belastet

wurde je eine Platte von 5 mm Dicke mit 60, 65, 70, 75 und 80% Weichmacher. Die Härtezeit betrug 48 Stunden bei 100 °C, die Abkühlungsgeschwindigkeit 2 Grad/Stunde.

Die Breite der aus den Platten gefertigten Probestäbe betrug im ungestörten Querschnitt 12 mm. Die Beanspruchung erfolgte durch reinen Zug. Gemessen wurde die Isochromatenordnung, die Verlängerung Δx einer Meßstrecke in Lastrichtung und die Verkürzung Δy einer Meßstrecke senkrecht zur Lastrichtung. Dies geschah unmittelbar unter dem Mikroskop, das durch den zusätzlichen Einbau von kleinen Polarisationsfiltern zu einem Polarisationsmikroskop umgewandelt wurde. Durch den weiteren Einbau einer Viertelwellenplatte konnte auch die Kompensation nach Sénarmont durchgeführt werden. Auf diese Weise ist die Meßgenauigkeit bei der Ermittlung der Werkstoffkonstanten E, ν und S entscheidend gesteigert worden. Die Untersuchungsergebnisse gehen aus der folgenden Tabelle hervor.

W %	S kp/(Ordn. cm)	E kp/cm²	ν
60	0,180	23,2	0,47
65	0,174	19,2	0,47
70	0,170	15,7	0,47
75	0,166	12,9	0,46
80	0,163	10,9	0,45

Diese Werte stimmen gut mit den in den Abb. 7 und 8 angegebenen überein. Nach den in diesem Abschnitt gewonnenen Ergebnissen eignet sich ein modifiziertes Epoxidharz mit etwa 60% Weichmacher am besten als Modellwerkstoff für das kombinierte Verfahren. Es besitzt ungefähr folgende Kennwerte:

$$E = 18-30 \quad \text{kp/cm}^2,$$
$$S = 0{,}17-0{,}20 \quad \text{kp/(Ordn. cm)},$$
$$D = 95-175 \quad \text{Ordn./cm},$$
$$\nu = 0{,}45-0{,}47.$$

3. Vergleichende Untersuchungen eines Kerbproblemes mit verschiedenen Werkstoffen

Die prinzipielle Möglichkeit einer genauen Spannungsermittlung mit modifizierten Epoxidharzen zeigen die folgenden Untersuchungen eines ebenen Modelles. Bei dem in Abb. 15 gezeigten Kerbproblem handelt es sich um den Schnitt durch eine Doppelkegeldichtung für einen Sauerstoffvorwärmer, wobei P die Schraubenkraft darstellt. Zwischen A und B ist das Modell eingespannt. Ausgewertet wurde der Randspannungsverlauf längs der Keilflanke CD und der Kerbe EF.

Um die mit einem Modell aus dem modifizierten Epoxidharz W 60 gefundenen Ergebnisse vergleichen zu können, gelangte auch je ein Modell gleicher Abmessung aus dem Standardharz Epilox EG 1, aus dem Kunstharz Umapolar und aus Gummi zum Einsatz. Das Modell W 60 wurde sowohl spannungsoptisch als auch nach der Dehnungsgittermethode untersucht.

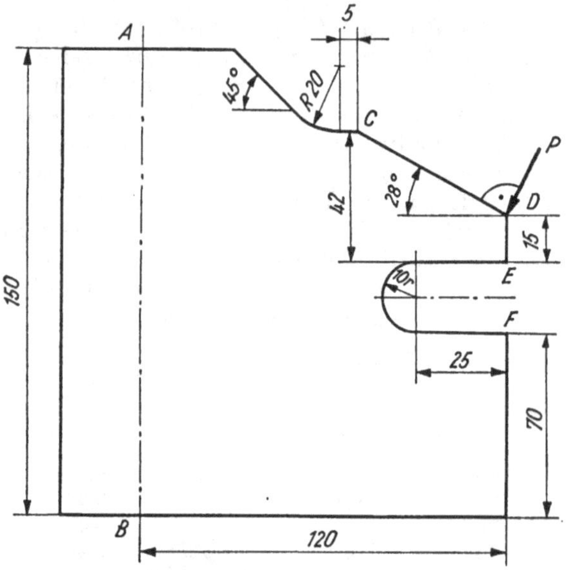

Abb. 15. Form des Modells

Bei derartigen vergleichenden Untersuchungen mit zwei voneinander unabhängigen Verfahren, die mit mehreren Modellen der gleichen Form, aber aus unterschiedlichen Werkstoffen durchgeführt werden, müssen verschiedene Voraussetzungen erfüllt werden. Beginnend mit einer peinlich genauen Modellherstellung zur Vermeidung von Formfehlern, muß die gesamte Untersuchung unter völlig gleichen Versuchsbedingungen wie Verwendung desselben Kraftmeßbügels, Einhaltung konstanter Raumtemperatur usw. und zwecks Ausschaltung subjektiver Meß- bzw. Beobachtungsfehler durch die gleiche Person erfolgen. Die wohl größte Bedeutung bei dieser quantitativen Auswertung besitzt die genaue Ermittlung der Stoffwerte E und S der verschiedenen Werkstoffe. Es hat sich gezeigt [25], daß der Belastungsfall diametral gedrückte Kreisscheibe der versuchtechnisch einfachste und zugleich genaueste Eichversuch zur Bestimmung der spannungsoptischen Konstanten ist. Er wurde hier in allen Fällen verwendet. Die Bestimmung des Elastizitätsmoduls, der nur für modifiziertes Harz W 60 und Gummi benötigt wird, erfolgte im ebenfalls einfachen, aber sehr genauen Zugversuch. Während die Ermittlung der spannungsoptischen Konstanten durch visuelle Beobachtung des Isochromatenbildes im Polariskop geschah, wurde der Elastizitätsmodul unter dem Mikroskop ausgemessen.

Die Abbildungen 17 bis 19 (Tafel 3 bis 5) zeigen die Isochromatenaufnahmen im zirkular polarisierten Natriumlicht. Jedes Modell erhielt den gleichen Raster, während der auszuwertende Rand zusätzlich mit der gleichen Stricheinteilung versehen wurde. Qualitativ ist der übereinstimmende Isochromatenverlauf und der Ort der maximalen Kerbspannung gut zu erkennen. Oberhalb des Isochromatenmaximums befindet sich ein isotroper Punkt. Die quantitative Auswertung der spannungsoptischen Versuche geschah mit Hilfe von Positiven, wobei außerdem die maximale Isochromatenordnung an der Keilflanke und in der Kerbe durch Kompensation nach SÉNARMONT bestimmt wurde. Der Spannungsverlauf am lastfreien Rand ergibt sich dann nach der bekannten Gleichung

$$\sigma = n \cdot \frac{S}{d} . \tag{9}$$

Wie ein Vergleich der Abbildungen 17 (Tafel 3) und 19 (Tafel 5) zeigt, ist bei modifizierten Epoxidharzen nur ein Bruchteil der Belastung erforderlich, die bei den üblichen Standardharzen aufgebracht werden muß.

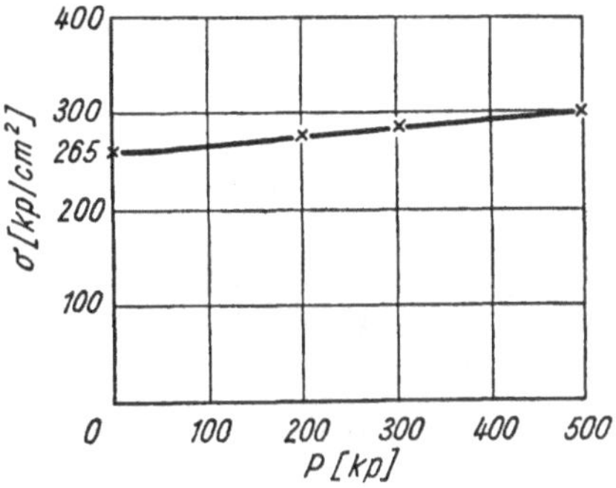

Abb. 16. Extrapolation der Spannung gegen Null

Abb. 20 (Tafel 6) gibt den Versuch nach der Gummimodellmethode wieder. Zur Auswertung nach der Dehnungsgittermethode sind zwei Aufnahmen erforderlich, die mit einer Plattenkamera durchgeführt wurden. Abb. 21 zeigt das unbelastete, Abb. 22 das belastete Modell. Der Einsatz der Plattenkamera bringt den Vorteil mit sich, daß mit einer Aufnahme eine viel größere Modelloberfläche (in diesem Beispiel die gesamte Untersuchungsfläche) erfaßt werden kann, als mit einer Kleinbildkamera. Das Ausmessen der Plattennegative geschah unter dem Mikroskop. Hier wird die Entfernung jedes einzelnen Striches vom Punkt O im unbelasteten und belasteten Zustand ermittelt. Die Differenz beider Längenmessungen ist gleich der Gesamtverschiebung ξ, die über der Meßlänge x_u des unbelasteten Zustandes aufgetragen wird. Der Anstieg dieser Kurve ist

$$\frac{\partial \xi}{\partial x} = \xi_{,x} = \varepsilon_x \tag{10}$$

und stellt die Dehnung im betrachteten Randpunkt unter Berücksichtigung des Ordinaten- und Abszissenmaßstabes dar. Unter Verwendung des HOOKEschen Gesetzes für den linearen Spannungszustand

$$\sigma = E \cdot \varepsilon \tag{11}$$

kann daraus unmittelbar die Randspannung berechnet werden. Entstehen im Spannungs-Dehnungs-Verlauf durch zu große örtliche Dehnungen Nichtlinearitäten, so werden diese in bekannter Weise durch Extrapolation der Belastung gegen Null beseitigt, wie es in Abb. 16 für das Kerbmaximum dargestellt ist.

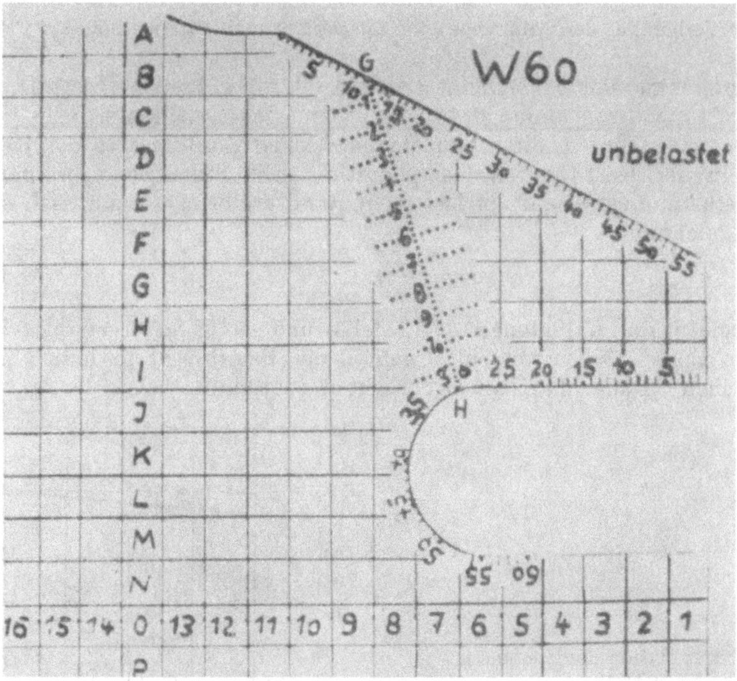

Abb. 21. Modellwerkstoff W 60. Dehnungsgitteraufnahme unbelastet

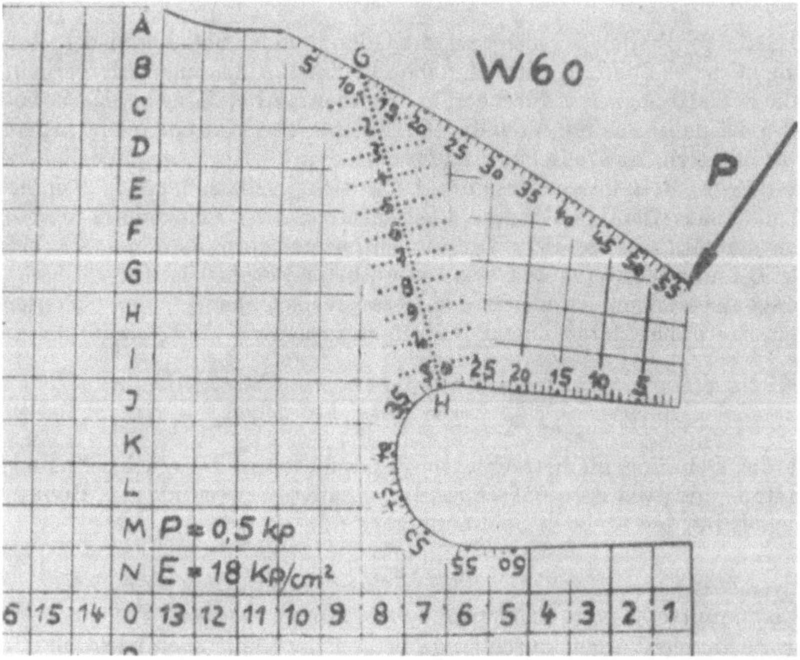

Abb. 22. Modellwerkstoff W 60. Dehnungsgitteraufnahme belastet

Um bequem vergleichen zu können, wurden die aus beiden Untersuchungsverfahren gewonnenen Ergebnisse auf $P = 100$ kp Belastung und $d = 1{,}0$ cm Modelldicke umgerechnet. Abb. 23 gibt den Spannungsverlauf längs der Keilflanke *CD* und Abb. 24 längs der Kerbe *EF* wieder. Die Übereinstimmung der Werte aus beiden Methoden ist gut. Die bereits erwähnten Vorteile – einfache Belastungsvorrichtung durch einen niedrigen Wert des Elastizitätsmoduls und die geringe Kriechneigung – bringen keine Verminderung der Genauigkeit der spannungsoptischen Methode mit sich. Die modifizierten Epoxidharze sind demnach ein gut geeignetes Modellmaterial sowohl für die Spannungsoptik als auch für die Dehnungsgittermethode.

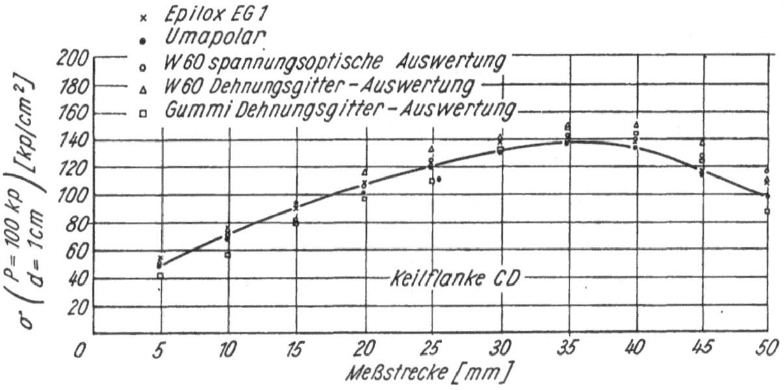

Abb. 23. Spannungsverlauf längs der Keilflanke *CD*

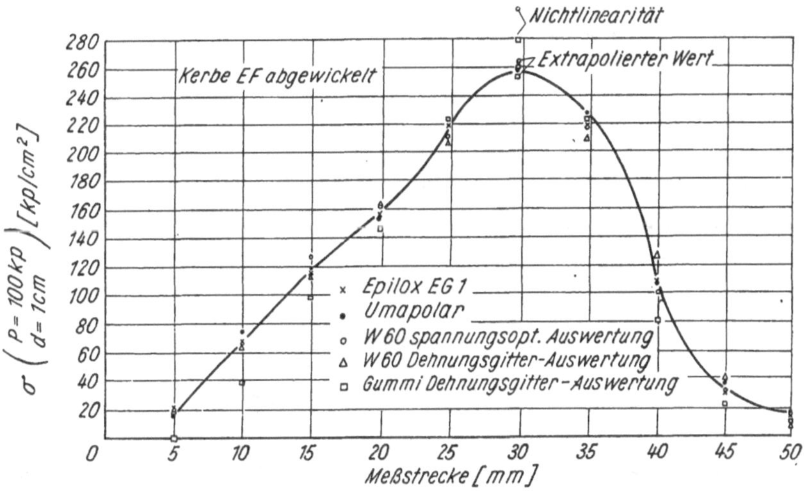

Abb. 24. Spannungsverlauf längs der Kerbe *EF*

4. Untersuchung eines Drehrohrofens

Die Verwendung modifizierter Epoxidharze gestattet es außerdem, auch den Bereich spannungsoptischer Untersuchungen zu verbreitern. Am Beispiel des Lochbereiches eines Drehrohrofens, Abb. 25, soll dies gezeigt werden. Während sich der Ofenmantel im ungestörten Gebiet nach elementaren Rechnungen dimensionieren läßt, entziehen sich die dicht beieinanderliegenden elliptischen Luft- und Klinkerlöcher einer exakten theoretischen Berechnung. Nach herkömmlichen spannungsoptischen Methoden lassen sich die gesuchten Spannungen unter Anwendung des Erstarrungsverfahrens oder auch des Reflexionsverfahrens ermitteln. Während beim Erstarrungsverfahren die Auswertung aber nur über die wenig anschauliche Schnittzerlegung erfolgen kann, ist beim Reflexionsverfahren eine reflektierende Schicht um den inneren Mantelumfang erforderlich. Mit Hilfe modifizierter Epoxidharze kann jedoch eine Versuchstechnik ausgearbeitet werden, die es möglich macht, den abgewickelten Mantelumfang als ebenes Problem zu betrachten. Dabei bleiben alle Vorteile der ebenen Spannungsoptik, allen voran die große Anschaulichkeit, erhalten.

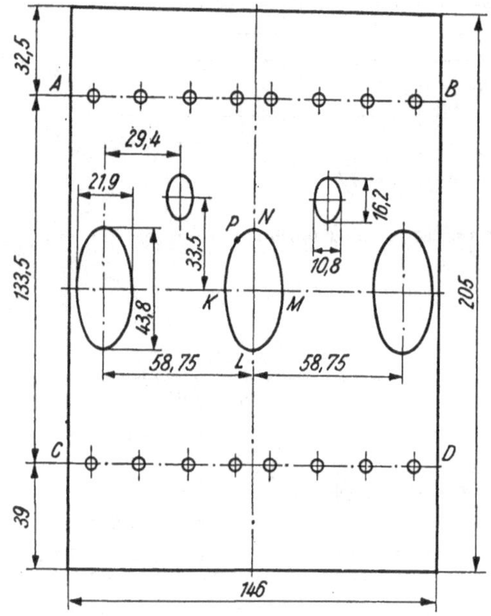

Abb. 25. Modellabmessungen

4.1. Versuchsdurchführung

4.1.1. Modellherstellung

Das aus modifiziertem Epoxidharz hergestellte Modell wurde im Maßstab 1:40 verkleinert. Die Abmessungen gehen aus Abb. 25 hervor. Die Modelldicke betrug $d = 10{,}3$ mm. Der Ausschnitt wurde so gewählt, daß die Modellbreite von $b = 146$ mm einen halben Mantelumfang darstellt. Die in den Schnitten AB

und *CD* senkrecht zur Rohrachse angeordneten acht Bohrungen dienen zum Aufbringen der Belastung.

4.1.2. Modellbelastung

Im ungestörten Querschnitt des Rohrmantels kann die Biege- und Schubspannungsverteilung theoretisch aus dem Momenten- und Querkraftverlauf ermittelt werden. Die in Richtung der Rohrachse wirkenden Biegespannungen betragen

$$\sigma_{b_z} = \frac{M_{b_z}}{I_x} \cdot y \,. \tag{12}$$

Am abgewickelten Rohrumfang gehen die Biegespannungen mit

$$y = r \sin \varphi \tag{13}$$

und

$$\frac{I_x}{r} = W_b \tag{14}$$

über in die Form

$$\sigma_{b_z} = \frac{M_b}{W_b} \sin \varphi \tag{15}$$

und ergeben den Verlauf nach Abb. 26.

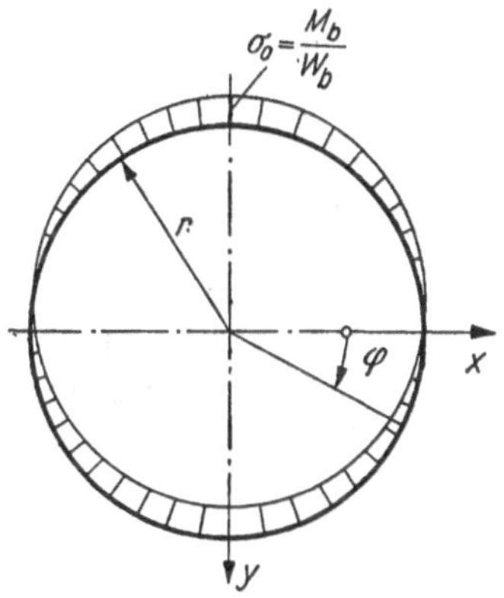

Abb. 26. Verteilung der Biegespannungen

Die Berechnung der Schubspannungen geschieht mittels der Differentialgleichung

$$h \cdot \frac{\partial \sigma_{b_z}}{\partial z} + \frac{\partial t}{\partial s} = 0 \tag{16}$$

nach der Theorie der dünnwandigen prismatischen Körper;

$$t = \tau \cdot h \tag{17}$$

bedeutet hierbei den Schubfluß. Mit

$$\frac{\partial \sigma_{b_z}}{\partial z} = \frac{\partial M_{b_z}}{\partial z} \cdot \frac{y}{I_x} = \frac{Q_y}{I_x} \cdot y \tag{18}$$

und Gl. (17) geht Gl. (16) über in

$$\frac{\partial \tau}{\partial s} = -\frac{Q_y}{I_x} \cdot y \,. \qquad (19)$$

Wählt man als Beginn des Umlaufs die x-Achse, so ergeben die Schubspannungen

$$\tau = -\frac{Q_y}{\pi \cdot r \cdot h} \cdot \cos \varphi \qquad (20)$$

den Verlauf nach Abb. 27, der identisch ist mit dem Verlauf am abgewickelten Umfang.

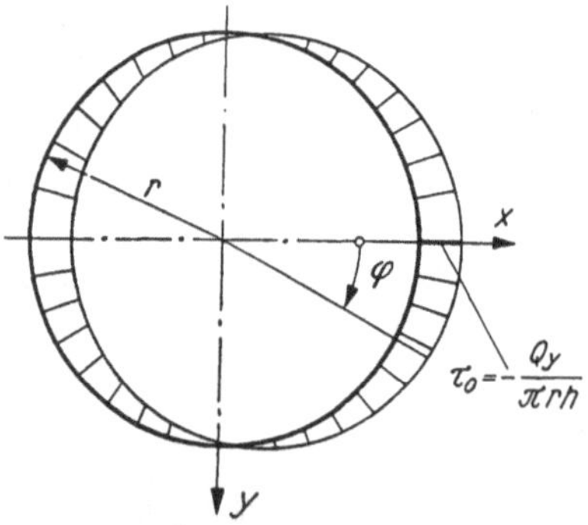

Abb. 27. Verteilung der Schubspannungen

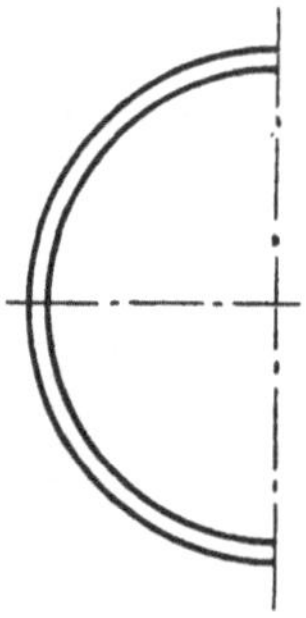

Abb. 28. Abzuwickelnder Rohrumfang

Wie aus den Abbildungen 26 und 27 hervorgeht, ist aus Symmetriegründen nur die Abwicklung eines halben Rohrumfangs zur Modellherstellung erforderlich, wobei als Begrenzung die senkrechte Symmetrielinie gewählt wurde. Abb. 28 zeigt den abzuwickelnden Rohrumfang. Damit liegt die Belastung des Modells fest. Die aus der Biegung resultierenden Zug- bzw. Druckspannungen erreichen am Außenrand ihren Extremwert und sinken nach einer cos-Funktion bis zur Mitte auf den Wert Null ab. Die Schubspannungen verhalten sich gerade umgekehrt. Die Abb. 29 und 30 zeigen die Aufteilung der Zug- und Druck- bzw. Schubbeanspruchung auf die acht Bohrungen. Die in den Bohrungen wirkenden normalen und tangentialen Einzelkräfte sind ihrer Größe nach den schraffierten Flächen proportional. Infolge des geringen Abstandes der Bohrungen ergibt sich eine gute Näherung an den wirklichen Spannungsverlauf.

Wird die Biegespannung σ_b in Gl. (15) nach Abb. 29 durch die Veränderliche ϱ ausgedrückt, erhält man

$$\sigma_b = \sigma_0 \sin \frac{\varrho}{r} \,. \qquad (21)$$

Die gesamte Zugkraft P pro Seite ergibt die folgende Integration

$$P = \int_0^{\frac{r\pi}{2}} \sigma_0 \cdot \sin\frac{\varrho}{r}\, d\varrho = \sigma_0 \cdot r \,. \qquad (22)$$

Die Kraft bezieht sich auf eine Einheitsmodelldicke 1 cm. In gleicher Größe, aber entgegengesetzt gerichtet, wirkt die Druckkraft P. Für die Schubkraft Q, bezogen auf die gesamte Modellbreite, erhält man nach einer ähnlichen Rechnung

$$Q = 2 \int_0^{\frac{r\pi}{2}} \tau_0 \cdot \cos\frac{\varrho}{r} d\varrho = 2\,\tau_0 \cdot r\,. \tag{23}$$

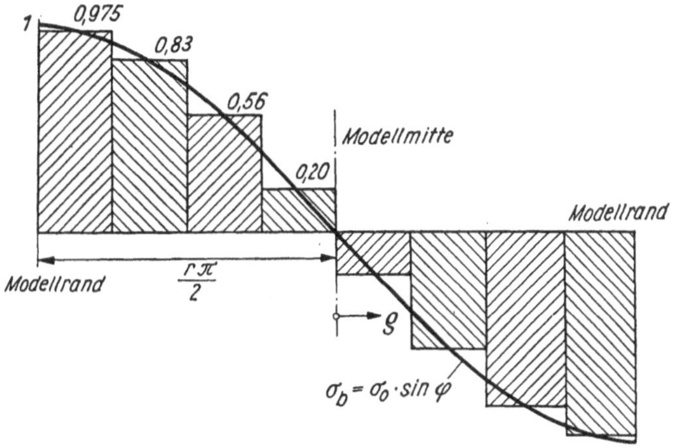

Abb. 29. Aufteilung der Zug- und Druckbeanspruchung

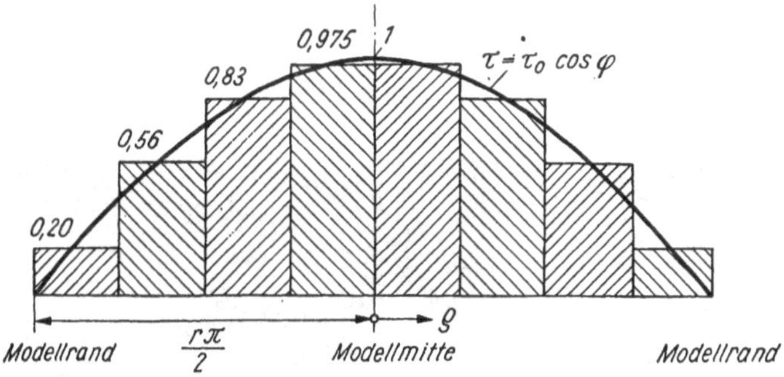

Abb. 30. Aufteilung der Schubbeanspruchung

Um die Belastungsvorrichtung zu vereinfachen, wurde der Schnitt AB in den Nullpunkt des Biegemomentenverlaufes gelegt. Hier werden also nur Schubkräfte übertragen.

Nimmt man zwischen den Schnitten AB und CD konstanten Querkraftverlauf an, so läßt sich die folgende Gleichgewichtsbedingung aufstellen:

$$\sum M_i = 0 = 2 \int_0^{\frac{r\pi}{2}} \sigma_0 \cdot \varrho \cdot \sin\frac{\varrho}{r}\, d\varrho - 2 \int_0^{\frac{r\pi}{2}} \tau_0 \cdot c \cdot \cos\frac{\varrho}{r}\, d\varrho\,. \tag{24}$$

Drehpunkt ist der Schnittpunkt der Symmetrieachse mit dem Schnitt CD. Hieraus erhält man

$$\tau_0 = \sigma_0 \cdot \frac{r}{c}, \tag{25}$$

wobei c den senkrechten Abstand der Schnitte AB und CD bedeutet. σ_0 und τ_0 sind gleichzeitig die Amplituden der jeweiligen Spannungsverläufe.

Die Modellbelastung muß etwa folgende Spannungen im ungestörten Gebiet hervorrufen:

$$\sigma_0 = 0{,}710 \text{ kp/cm}^2 \tag{26}$$

und damit

$$\tau_0 = 0{,}254 \text{ kp/cm}^2. \tag{27}$$

Somit ergeben sich die in den Abb. 29 und 30 dargestellten Zug-, Druck- und Schubkräfte größenmäßig durch Multiplikation des Flächeninhaltes mit der jeweiligen Amplitude.

Die gesamte Zug- bzw. Druckkraft beträgt danach

$$P = 3{,}55 \text{ kp/halbe Modellbreite} \tag{28}$$

und die gesamte Schubkraft

$$Q = 2{,}58 \text{ kp/Modellbreite.} \tag{29}$$

4.1.3. Belastungsvorrichtung

Zur Aufbringung der insgesamt 24 Einzelkräfte wurde eine spezielle Belastungsvorrichtung entwickelt, die in Abb. 31 zu sehen ist. Durch sinnvoll konstruierte Hebelübersetzungen war es möglich, die Gesamtbelastung durch vier Einzelkräfte — je einmal Zug und Druck und zweimal Schub — aufzubringen.

Abb. 31. Belastungsvorrichtung

Das belastete Modell mußte in vertikaler Richtung durchstrahlt werden. Dafür wurde die in Abb. 32 gezeigte spannungsoptische Apparatur für senkrechten Lichtweg gebaut.

Abb. 32. Modell in der spannungsoptischen Apparatur

(L Lichtquelle, P Polarisator, $\lambda/4$ Viertelwellenplatte, M Modell, B Belastungsvorrichtung, A Analysator, K Kamera)

4.2. Auswertung

Zur Ermittlung der Reibung in den Hebelsystemen wurden zwei Belastungen mit folgenden Werten vorgenommen:

$$\text{Belastung 1} \quad \left.\begin{aligned} P_{\text{Zug}} &= 3{,}55\ \text{kp}\,, \\ Q_{\text{Schub}} &= 2{,}58\ \text{kp}\,, \end{aligned}\right\} \tag{30}$$

$$\text{Belastung 2} \quad \left.\begin{aligned} P_{\text{Zug}} &= 2{,}16\ \text{kp}\,, \\ Q_{\text{Schub}} &= 1{,}57\ \text{kp}\,. \end{aligned}\right\} \tag{31}$$

Als Vergleichsstelle diente die maximale Isochromatenordnung an der mittleren großen Ellipse, Abb. 34 (Tafel 7) links oben, die mit $n = 9{,}5$ bzw. $5{,}4$ ermittelt wurde. Trägt man die Isochromatenordnung als Funktion der Belastung auf und extrapoliert in Richtung Koordinatenursprung, so ergibt sich auf der Zugseite, Abb. 33, eine Reibungskraft von 0,35 kp, die von der aufgebrachten Zugkraft abgezogen werden muß.

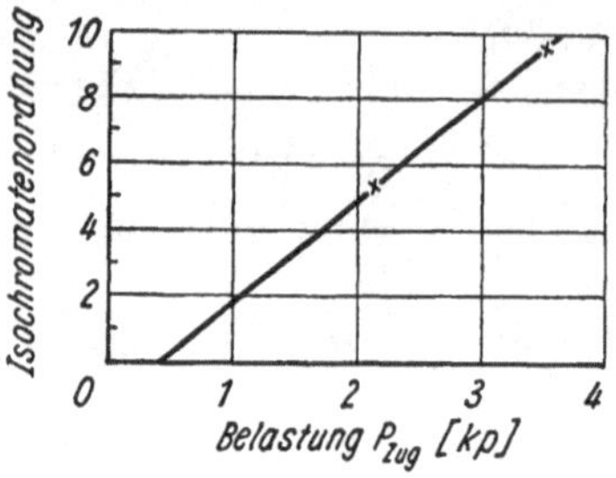

Abb. 33. Ermittlung der Reibung in der Belastungsvorrichtung

Damit ergeben sich die endgültigen Versuchswerte zu

$$\left.\begin{aligned} P_{\text{Zug}} &= 3{,}20 \text{ kp}, \\ Q_{\text{Schub}} &= 2{,}32 \text{ kp}, \\ \sigma_0 &= 0{,}640 \text{ kp/cm}^2, \\ \tau_0 &= 0{,}229 \text{ kp/cm}^2. \end{aligned}\right\} \tag{32}$$

Abb. 34 (Tafel 7) zeigt die Isochromatenaufnahme des Lochbereiches und Abb. 35 (Tafel 8) in einer Vergrößerung die Partie zwischen mittlerer großer und linker kleiner Ellipse mit dem Isochromatenmaximum. Ausgewertet wurde der Umfang der mittleren großen Ellipse, da hier die größten Spannungen auftraten. Deutlich sind in Abb. 34 (Tafel 7) die Nullstellen des Spannungsverlaufes zu erkennen, die praktisch mit den Symmetrieachsen der Ellipse zusammenfallen. Die Lage dieser Nullstellen stimmt nicht mit theoretischen Berechnungen überein, da dort die gegenseitige Beeinflussung der Klinker- und Luftlöcher und der sinusförmige Spannungsverlauf nicht berücksichtigt werden konnte.

Die größte Spannung tritt bei diesem Belastungsfall in der mittleren Ellipsenbohrung links oben auf. Die maximale Isochromatenordnung beträgt hier

$$n_{\max} = 9{,}5 \text{ Ordnungen}. \tag{33}$$

Damit ergibt sich die maximale Spannung $\sigma_{\max}$ an dieser Stelle zu

$$\sigma_{\max} = \frac{n_{\max} S}{d} = \frac{9{,}5 \cdot 0{,}168}{1{,}03} = 1{,}55 \text{ kp/cm}^2 \tag{34}$$

mit $S = 0{,}168$ kp/(Ordn. cm) als spannungsoptische Konstante. Abb. 36 zeigt den Spannungsverlauf am Umfang der mittleren großen Ellipse zahlenmäßig umgerechnet auf die Hauptausführung.

An diesem Beispiel erkennt man sehr anschaulich die Vorteile, die durch die Verwendung modifizierter Epoxidharze bei Untersuchungen dieser Art erreicht werden. Mit den üblichen Standardharzen kann man eine solche Untersuchung nicht durchführen, da die erforderlichen bedeutend höheren Belastungen, die zur Isochromatenauswertung unumgänglich sind, nicht durch eine solche Belastungsvorrichtung aufgebracht werden können. Die Abmessungen der Belastungsvorrichtung sind an den Bohrungsabstand des Kraft-

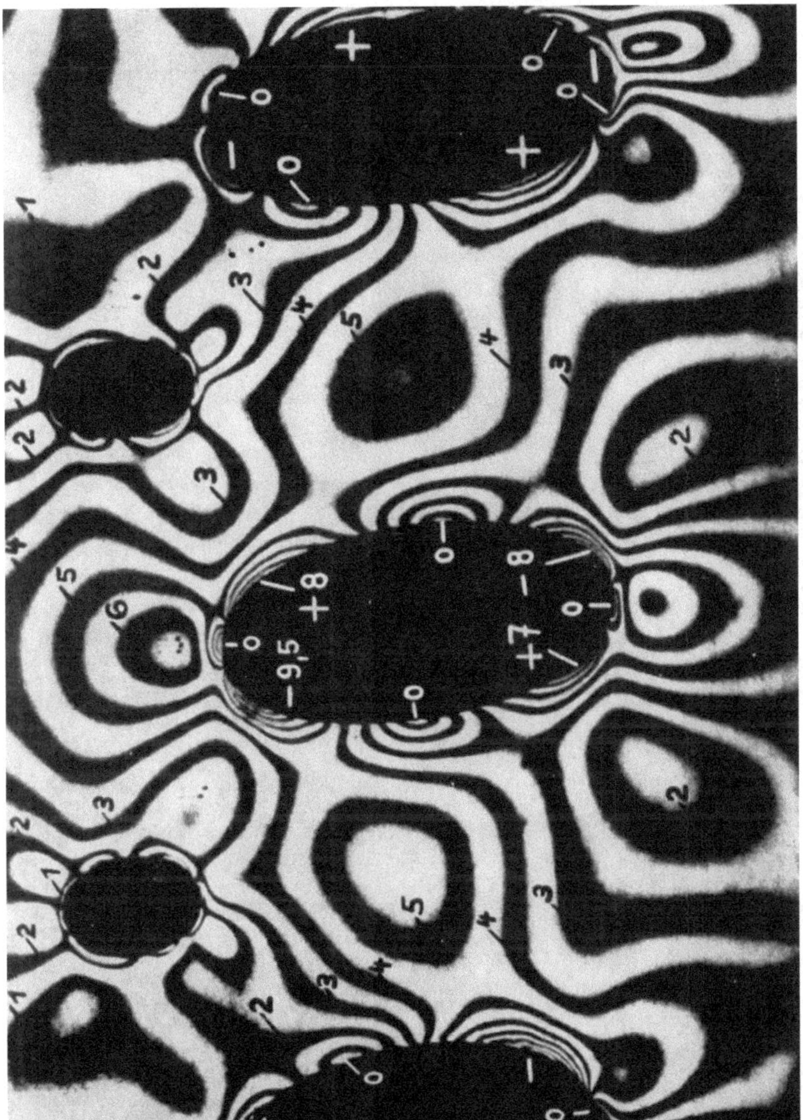

Abb. 34. Isochromatenaufnahme der Gesamtansicht mit $\sigma_0 = 0{,}640$ kp/cm²

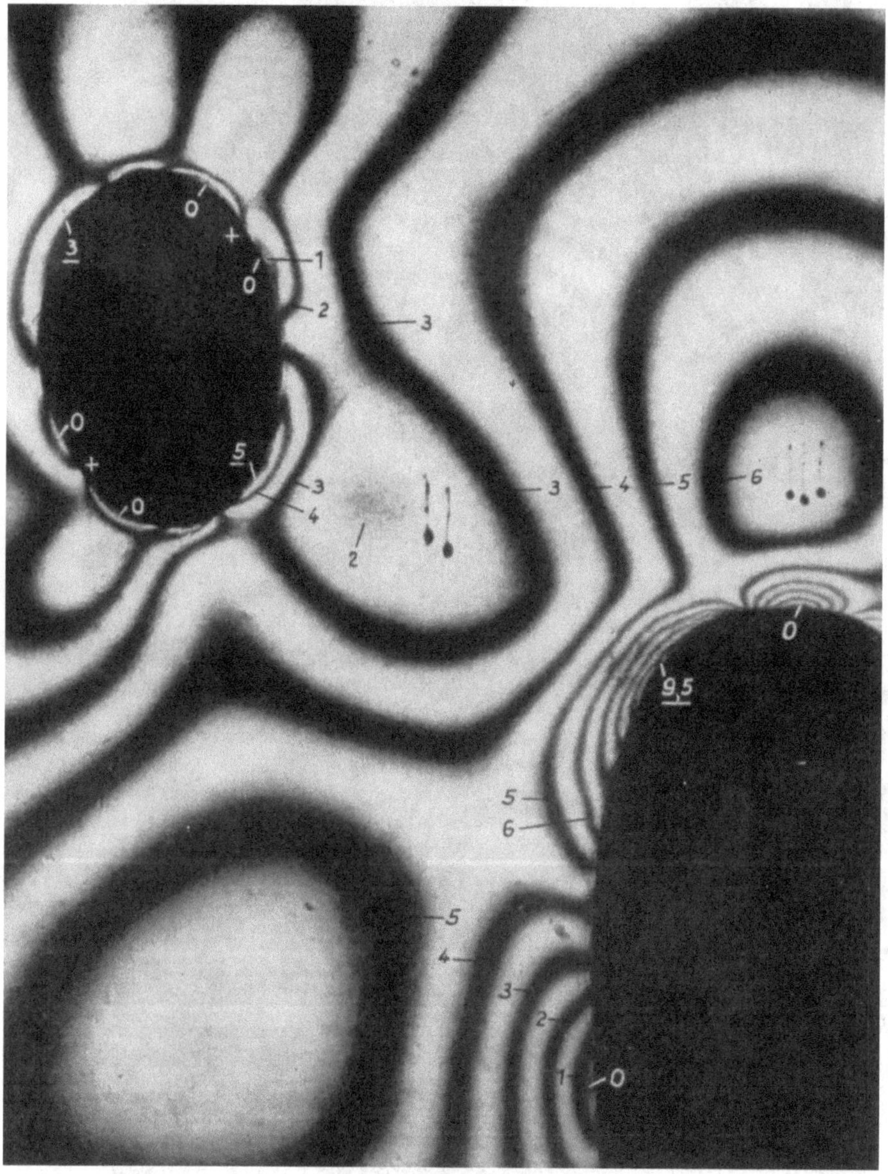

Abb. 35. Ausschnitt mit dem Isochromatenmaximum, $\sigma_0 = 0{,}640\ \mathrm{kp/cm^2}$

übertragungsquerschnittes gebunden. Die hohen Belastungen bei Verwendung von Standardharzen würden Übertragungselemente erforderlich machen, die einen viel größeren Querschnitt und viel höheres Gewicht besitzen müßten. Dies macht aber den Bau dieser Vorrichtung unmöglich.

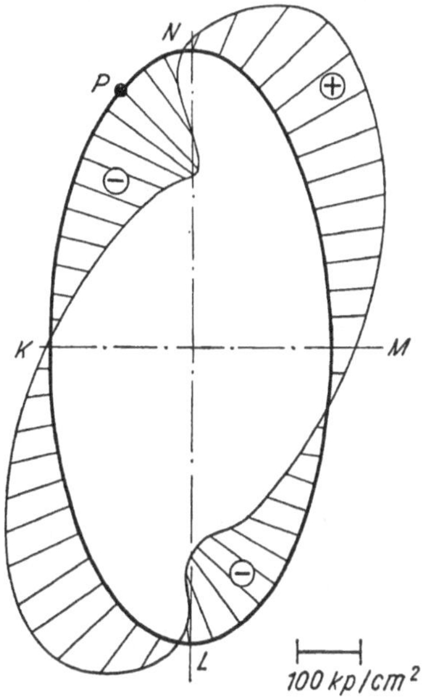

Abb. 36. Spannungsverlauf an der mittleren großen Ellipse

5. Ein neues Auswerteverfahren für ebene Probleme

Die modifizierten Epoxidharze bilden die Grundlage eines neuen Auswerteverfahrens zur vollständigen Lösung des ebenen Problems. Dieses Verfahren resultiert aus der Kombination der Spannungsoptik mit der Dehnungsgittermethode.

5.1. Entwicklung des Verfahrens

Der ebene Spannungszustand, Ausgangspunkt Hauptspannungen, Abb. 37, wird vollständig durch die beiden Gleichungen

$$\sigma = \frac{\sigma_1 + \sigma_2}{2} + \frac{\sigma_1 - \sigma_2}{2} \cos 2\varphi , \tag{35}$$

$$\tau = \qquad - \frac{\sigma_1 - \sigma_2}{2} \sin 2\varphi \tag{36}$$

beschrieben. Auf rein spannungsoptischem Wege gewinnt man jedoch nur zwei Angaben: die Isochromaten als Linien gleicher Hauptspannungsdifferenz

$$\sigma_1 - \sigma_2 = \frac{n\,S}{d} \tag{37}$$

und die Isoklinen als Linien gleicher Hauptspannungsrichtung. Je nach der Orientierung des Polarisationskreuzes ist hierbei der Isoklinenparameter gleich dem Winkel φ, oder er unterscheidet sich durch einen bekannten konstanten Wert von ihm. Vom Mohrschen Spannungskreis, Abb. 38, sind somit zwar der Durchmesser und alle beliebigen Ordinaten bekannt, der Mittelpunkt des Spannungskreises als wichtigste Größe zur Separation der Hauptspannungen bleibt aber unbekannt. Das bedeutet, daß nur die Gl. (36) erfüllt werden kann.

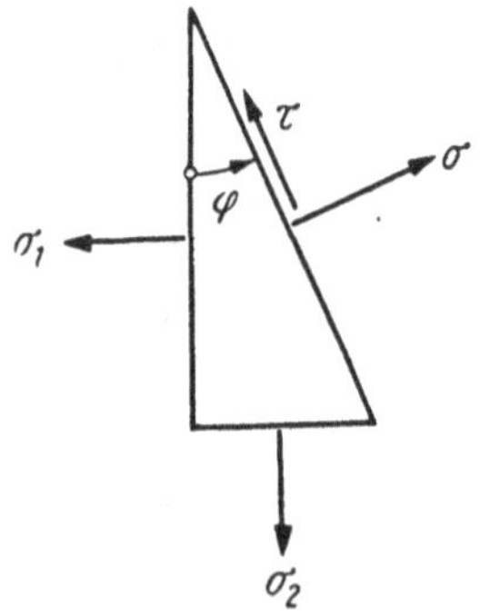

Abb. 37. Schnittelement beim ebenen Spannungszustand

Aus der Kombination der Spannungsoptik mit der Dehnungsgittermethode läßt sich ein einfaches Verfahren zur vollständigen Auswertung ebener Probleme ableiten. Das nach den Spannungen aufgelöste Hookesche Gesetz für den allgemeinen ebenen Spannungszustand lautet:

$$\sigma_x = \frac{E}{1-\nu^2}(\varepsilon_x + \nu\,\varepsilon_y)\,, \tag{38}$$

$$\sigma_y = \frac{E}{1-\nu^2}(\varepsilon_y + \nu\,\varepsilon_x)\,, \tag{39}$$

$$\tau_{xy} = G \cdot \gamma_{xy}\,. \tag{40}$$

Dabei ist Gl. (38) mit Gl. (35) und Gl. (40) mit Gl. (36) identisch. Addiert man die Gln. (38) und (39), so ergibt sich die invariante Normalspannungssumme zu

$$\sigma_x + \sigma_y = \frac{E}{1-\nu}(\varepsilon_x + \varepsilon_y) = \sigma_1 + \sigma_2\,. \tag{41}$$

Diese Linien gleicher Hauptspannungssumme werden auch als Isopachen bezeichnet.

Die Dehnungsgittermethode liefert mit zwei Messungen in aufeinander senkrecht stehenden Richtungen bei beliebiger Lage des Koordinatensystems die beiden Dehnungen ε_x und ε_y im gesuchten Punkt des Feldes. Nun können nach den Gln. (38) und (39) die Normalspannungen σ_x und σ_y längs gerader Schnitte und nach Gl. (41) die Isopachen $\sigma_1 + \sigma_2$ berechnet werden. Zur vollständigen Lösung des ebenen Problems werden nun nur noch die Isochromaten nach Gl. (37) benötigt. Nach dem Mohrschen Spannungskreis, Abb. 38, ergibt sich der Winkel φ aus der Beziehung

$$\cos 2\varphi = \frac{\sigma_x - \sigma_y}{\sigma_1 - \sigma_2}\,. \tag{42}$$

Die Isoklinen und Spannungstrajektorien sind also für dieses Verfahren nicht erforderlich. Sie können deshalb zur Kontrolle benutzt werden. Setzt man die längs eines geraden Schnittes aus der Normal- und Schubspannung resultierende Normal- und Tangentialkraft mit der entsprechenden äußeren Belastung ins Gleichgewicht, ist noch eine zweite einfache Kontrolle der Ergebnisse gegeben.

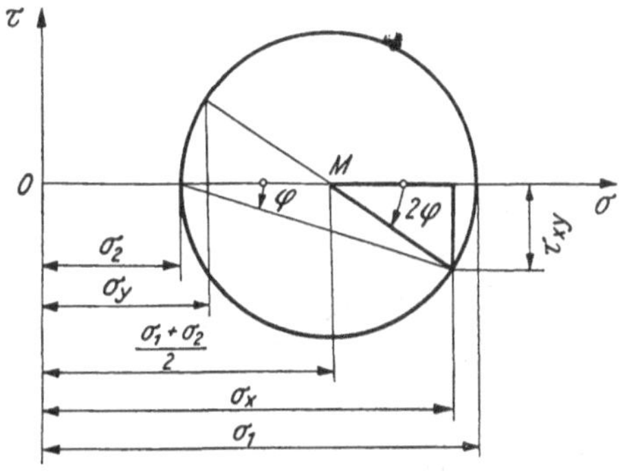

Abb. 38. Mohrscher Spannungskreis

Bei Verwendung eines modifizierten Epoxidharzes als Modellwerkstoff werden spannungsoptisch die Hauptspannungsdifferenz $\sigma_1 - \sigma_2$ in Form der Isochromaten und als Kontrolle der Schnittwinkel φ als Isoklinenparameter ermittelt, während die Untersuchung nach der Dehnungsgittermethode am gleichen Modell die Hauptspannungssumme $\sigma_1 + \sigma_2$ als Isopachen liefert. Darüber hinaus gewinnt man nach verschiedenen grafischen Methoden aus den Isoklinen sehr schnell und genau das orthogonale Netz der Spannungstrajektorien. In komplizierten Fällen hilft dieses Netz bei der Bestimmung der Vorzeichen der gesuchten Spannungen. Bei einfachen Problemen wird der Isoklinenverlauf und das Netz der Spannungstrajektorien nicht benötigt. Hier genügt allein die Angabe des Isoklinenparameters im untersuchten Punkt.

Dieses Verfahren besitzt im Vergleich mit verschiedenen anderen vollständigen Auswerteverfahren für ebene Probleme eine Reihe von Vorteilen. Während bei dem Verfahren nach Coker-Filon längs einer Hauptspannungslinie und bei dem Schubspannungsdifferenzverfahren längs gerader Linien integriert wird, sind hier keine grafischen Integrationen, die immer Fehlerquellen bei der Auswertung bilden, erforderlich. Gegenüber dem Neuberschen Verfahren, bei dem zeichnerisch die Isopachen $\sigma_1 + \sigma_2$ ermittelt werden oder den experimentellen Verfahren, die auf der unmittelbaren Messung der Isopachen beruhen, wie die Anwendung der Lateralextensometer, der interferenzoptischen Verfahren oder der Elektroanalogie, zeichnet sich dieses Verfahren durch seine versuchstechnische Einfachheit aus.

Aber auch die vollständige Auswertung nach der Dehnungsgittermethode verursacht in Verbindung mit der Spannungsoptik einen geringeren Aufwand, da die Rosettenmessung, die aus mindestens drei Messungen nach verschiedenen Richtungen in einem Punkt besteht, nicht mehr notwendig ist. Damit entfällt gleichzeitig die aufwendige Auswertung der Rosettenergebnisse. An einem Beispiel wird das neue Auswerteverfahren im nächsten Abschnitt demonstriert.

5.2. Anwendung des Verfahrens

Zur Untersuchung wird das Modell des Kerbproblems aus dem modifizierten Epoxidharz W 60 benutzt. Längs eines geradlinigen Schnittes GH, Abb. 19 (Tafel 5), der von der Keilflanke durch den rechten isotropen Punkt bis zum Kerbmaximum verläuft, soll die vollständige Auswertung des ebenen Spannungszustandes erfolgen. Auf dieser Strecke werden 13 Meßpunkte markiert, von denen elf im ebenen Spannungsfeld liegen.

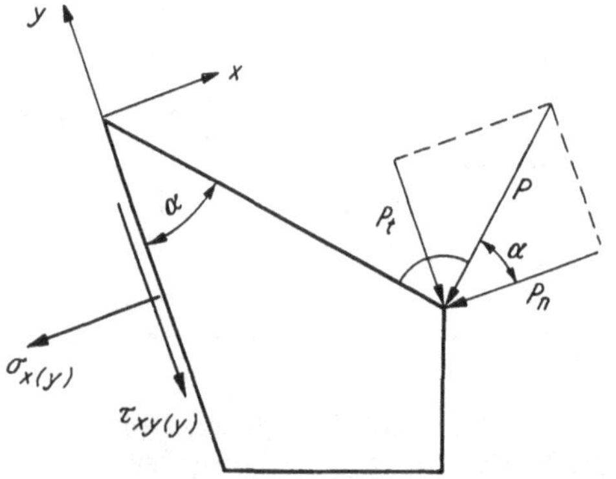

Abb. 39. Gleichgewicht am abgeschnittenen rechten Modellteil

Aus der spannungsoptischen Untersuchung, Abb. 19 (Tafel 5), resultieren überall die Isochromaten $\sigma_1 - \sigma_2$ und somit auch längs des Schnittes. Dabei besitzt die Hauptspannungsdifferenz $\sigma_1 - \sigma_2$ oberhalb des isotropen Punktes bis zur Keilflanke positives Vorzeichen; darunter bis zum Kerbmaximum ist sie negativ einzusetzen.

Nach der Dehnungsgittermethode wird längs des Schnittes die Gesamtverschiebung η ausgemessen und über der Meßlänge y_u des unbelasteten Zustandes aufgetragen. Dabei ist die Meßlänge y_u identisch mit der Schnittlänge. Unter Berücksichtigung der Zeichenmaßstäbe ist der Differentialquotient dieser Kurve

$$\frac{\partial \eta}{\partial y} = \eta_{,y} = \varepsilon_y \,. \tag{43}$$

Damit ist die Dehnung ε_y an jeder beliebigen Stelle des Schnittes bekannt. In gleicher Weise wird die Gesamtverschiebung ξ der elf Meßstrecken, die in den Abb. 21 und 22 zu sehen sind, über der jeweiligen unbelasteten Meßlänge x_u aufgetragen. Der Differentialquotient $\partial\xi/\partial x$ im Schnittpunkt mit der y-Achse ist nach Gl. (10) identisch mit der gesuchten Dehnung ε_x. Die gesamte Auswertung nach der Dehnungsgittermethode erfolgte nur mittels zweier Fotoplatten, die Aufnahmen des unbelasteten, Abb. 21, und des belasteten Zustandes, Abb. 22, darstellen. Mit den Dehnungen ε_x und ε_y sind nach Gl. (41) auch die Isopachen $\sigma_1 + \sigma_2$ in den Meßpunkten bekannt. Die vollständige Auswertung längs des Schnittes ist damit gelöst, und jede beliebige gesuchte Spannung sowie der Winkel φ kann nach den Gl. (35), (36), (38), (39) und (42) berechnet werden.

Abb. 40 zeigt den Verlauf der Hauptspannungen σ_1 und σ_2, wobei ganz allgemein $\sigma_1 > \sigma_2$ ist. Aus Abb. 43 geht deutlich hervor, daß nach Passieren des isotropen Punktes ein Vorzeichenwechsel der Hauptspannungsdifferenz $\sigma_1 - \sigma_2$

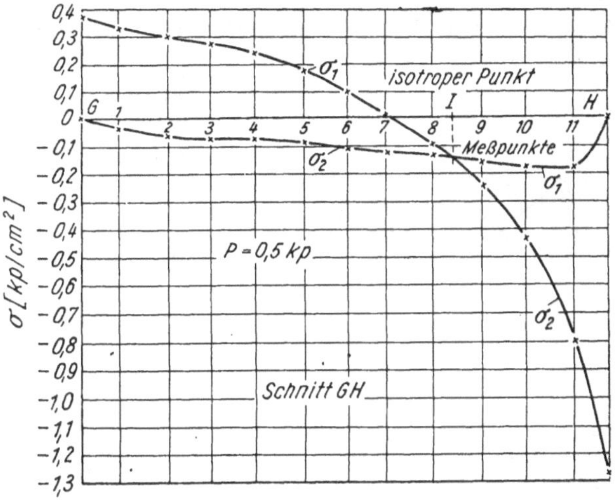

Abb. 40. Verlauf der Hauptspannungen σ_1 und σ_2 längs des Schnittes GH

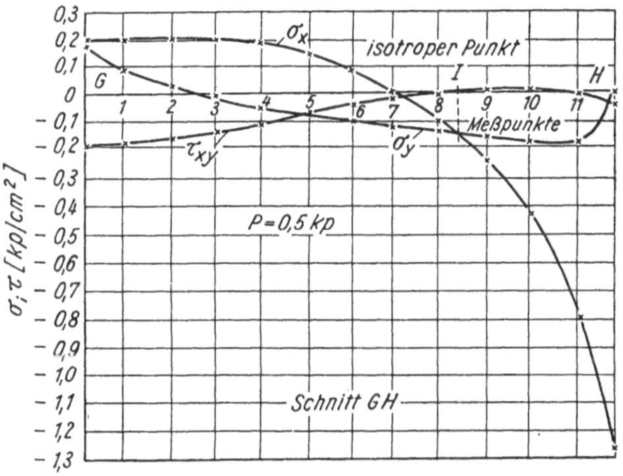

Abb. 41. Verlauf der Spannungen σ_x, σ_y und τ_{xy} längs des Schnittes GH

eintritt. In der gleichen Abbildung ist die Schar der Hauptspannungslinien σ_1 ausgezogen und die Schar der Hauptspannungslinien σ_2 gestrichelt dargestellt.

Abb. 41 zeigt den Verlauf der Spannungen σ_x, σ_y und τ_{xy} längs des Schnittes. Zur Kontrolle wurden die Flächen unter den Kurven σ_x und τ_{xy} ausplanimetriert und mit den Komponenten P_n und P_t der angreifenden Kraft P, Abb. 39, verglichen. Die Abweichung betrug 4%.

Als weitere Kontrolle liefert bei der spannungsoptischen Untersuchung im linear polarisierten Licht der Isoklinenparameter in jedem Punkt des Modells die dort vorhandene Hauptspannungsrichtung. Der Vollständigkeit halber wurden in bekannter Weise die Isoklinen ermittelt, die Abb. 42 zeigt. Der

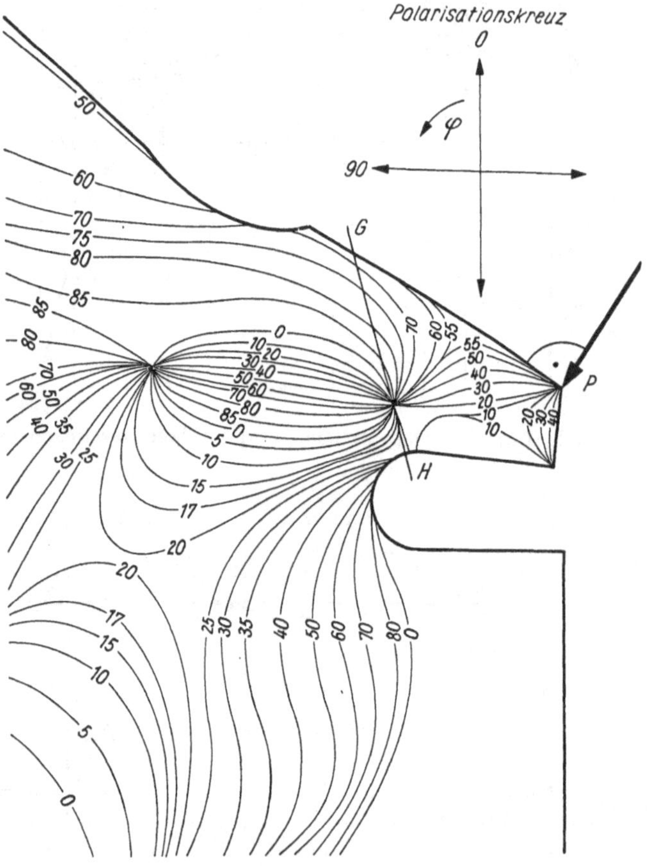

Abb. 42. Verlauf der Isoklinen

Isoklinenparameter 0° ist mit der Vertikalen identisch. Aus den Isoklinen kann nun das Netz der orthogonalen Spannungstrajektorien, Abb. 43, gezeichnet werden. Wie man aus den Abb. 42 und 43 erkennt, ist der rechte isotrope Punkt positiv, da der Parameter der hindurchgehenden Isokline im Gegenuhrzeigersinn zunimmt und die Spannungstrajektorien den isotropen Punkt umschließen. Der linke isotrope Punkt ist wegen des umgekehrten Verlaufs des Isoklinenparameters negativ, hier ergeben sich abweisende Spannungstrajektorien.

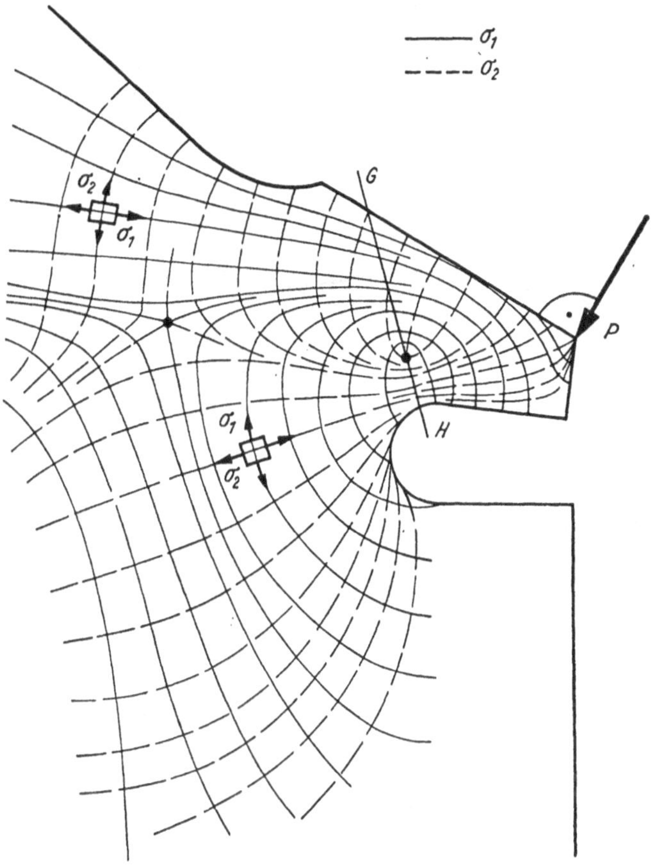

Abb. 43. Netz der Spannungstrajektorien

6. Untersuchung des profil-ebenen Spannungszustandes

6.1. Der profil-ebene Spannungszustand

W. Vocke führte den profil-ebenen Spannungszustand in der Elastizitätstheorie ein und gab folgende Definition hierfür [12]: Bei einer ebenen beliebig dünnen Scheibe variabler Dicke h, die symmetrisch zu ihrer Mittelfläche $z = 0$ beansprucht wird, Abb. 44, verschwindet die Schubkomponente in z-Richtung. Die Dicke h wird gleich $a \cdot f(x, y)$ gesetzt, wobei a einen konstanten Faktor und $f(x, y)$ die Profilfunktion darstellen. Der Winkel zwischen der z-Achse und der Normalen auf der Profiloberfläche soll an allen Stellen klein sein. Analog zu der in der Ebene ($h = \text{const}$) üblichen Darstellung wird derjenige Zustand, bei welchem $\sigma_t = 0$ gesetzt wird, als profil-ebener Spannungszustand bezeichnet.

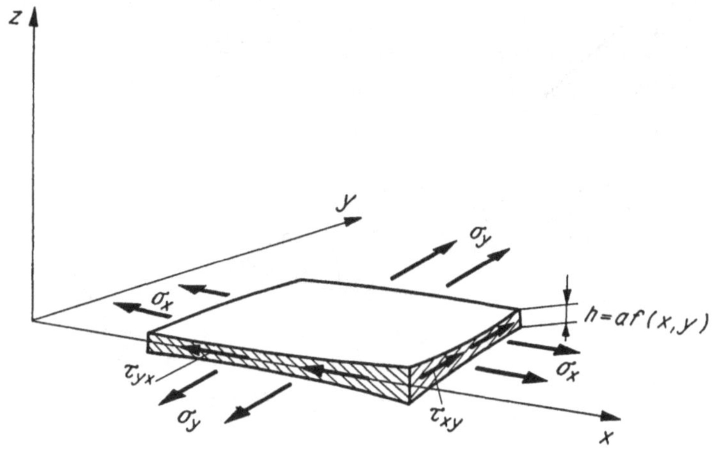

Abb. 44. Profil-ebener Spannungszustand

Aus den Gleichgewichtsbedingungen an einem kleinen Teilchen der Profil-ebene ergibt sich die folgende Gleichung [12]:

$$\sum_l (t_{kl} \cdot f)_{,l} = 0\,. \tag{44}$$

Sie läßt sich durch eine Spannungsfunktion erfüllen, wenn

$$\left.\begin{aligned} t_{xx} &= \sigma_x = \frac{F_{,yy}}{f}\,, \\ t_{yy} &= \sigma_y = \frac{F_{,xx}}{f} \\ \text{und} \quad t_{xy} &= \tau_{xy} = \frac{F_{,xy}}{f} \end{aligned}\right\} \tag{45}$$

gesetzt wird. Die Kompatibilitätsbedingung

$$\varepsilon_{x,yy} + \varepsilon_{y,xx} - \gamma_{xy,xy} = 0 \tag{46}$$

liefert unter Beachtung des HOOKEschen Gesetzes

$$\left.\begin{aligned} \varepsilon_x &= \frac{1}{E}(\sigma_x - \nu\,\sigma_y)\,, \\ \varepsilon_y &= \frac{1}{E}(\sigma_y - \nu\,\sigma_x)\,, \\ \varepsilon_z &= -\frac{\nu}{E}(\sigma_x + \sigma_y)\,, \\ \gamma_{xy} &= \frac{\tau_{xy}}{G} \end{aligned}\right\} \tag{47}$$

und mit Einführung des Δ-Operators in der Ebene die Differentialgleichung für die Spannungsfunktion F [12]

$$\left.\begin{aligned}&\Delta\Delta F-\frac{2}{f}[f_{,x}(\Delta F)_{,x}+f_{,y}(\Delta F)_{,y}]-\cdots\\&\cdots-\frac{1}{f^2}[(f\cdot\Delta f-2\langle f_{,x}^2+f_{,y}^2\rangle)\,\Delta F-(1+\nu)\,(\langle f\cdot f_{,xx}-2f_{,x}^2\rangle\,F_{,yy}+\cdots\\&\cdots+\langle f\cdot f_{,yy}-2f_{,y}^2\rangle\,F_{,xx}-2\,\langle f\cdot f_{,xy}-2f_{,x}\cdot f_{,y}\rangle\cdot F_{,xy})]=0\,.\end{aligned}\right\}\quad(48)$$

Im Grenzfall $f \to$ const ergibt sich mit $\Delta\Delta F = 0$ der ebene Spannungszustand. Danach ist die Airysche Spannungsfunktion ein Sonderfall der profil-ebenen Spannungsfunktion. Wie man außerdem aus Gl. (48) erkennt, ist die profil-ebene Spannungsfunktion in ihrer allgemeinen Form abhängig von der Querdehnzahl ν. Dagegen bleibt die Formulierung der Randbedingungen dieselbe wie beim ebenen Spannungszustand [12].

6.2. Das Keilprofil als Sonderfall der Profilfunktion

Die obigen Schlußfolgerungen legten den Gedanken nahe, den profil-ebenen Spannungszustand auch experimentell zu untersuchen. Hierfür eignen sich wiederum modifizierte Epoxidharze als Modellwerkstoff, wobei die Modelle im kombinierten Verfahren spannungsoptisch und nach der Dehnungsgittermethode ausgewertet werden können. Um einen Vergleich der experimentellen Ergebnisse mit den theoretischen Lösungen zu ermöglichen, wurde das Keilprofil gewählt.

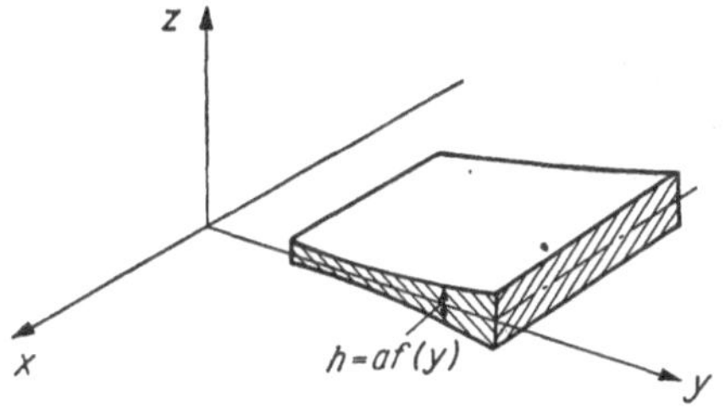

Abb. 45. Keil mit beliebiger Begrenzung

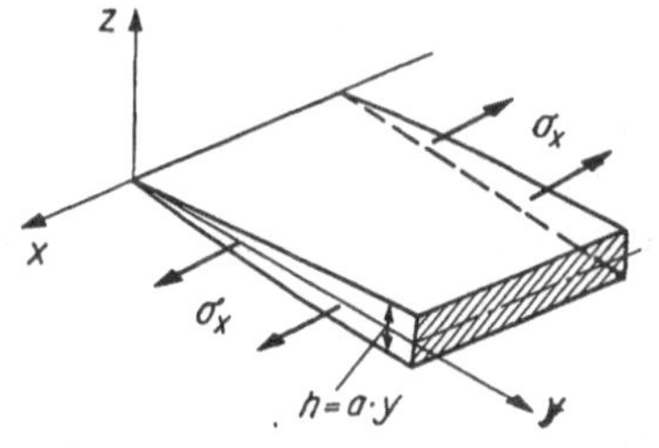

Abb. 46. Keil mit linearer Begrenzung

Bei beliebigem Keilprofil, Abb. 45, ist die Profilfunktion f nur von y abhängig. Hier ist

$$f_{,x} = 0\,. \quad (49)$$

Gl. (48) vereinfacht sich zu

$$\Delta\Delta F - 2\,\frac{f_{,y}}{f}\cdot(\Delta F)_{,y} + \frac{2f_{,y}^2 - f_{,yy}\cdot f}{f^2}\,(F_{,yy} - \nu\,F_{,xx}) = 0\,. \quad (50)$$

Für die durchzuführenden Versuche wurde ein Keil mit linearer Begrenzung, Abb. 46, gewählt. Die Modellherstellung ist hier sehr einfach. Außerdem stellt der unter reinem Zug stehende Keil mit linearer Begrenzung einen idealen Belastungsfall für einen Eichversuch dar.

Beim Keil mit linearer Begrenzung erhält man für die Profilfunktion und deren Ableitungen

$$\left.\begin{aligned} f(y) &= y\,, \\ f_{,y} &= 1\,, \\ f_{,yy} &= 0\,. \end{aligned}\right\} \tag{51}$$

Damit vereinfacht sich Gl. (50) weiter zu

$$\Delta\Delta F - 2\left[\left(\frac{F_{,yy}}{y}\right)_{,y} + \frac{F_{,xxy}}{y} + \nu\frac{F_{,xx}}{y^2}\right] = 0\,. \tag{52}$$

Wird der Keil nur in x-Richtung beansprucht, so wird mit

$$\sigma_y = \frac{F_{,xx}}{f} = 0 \tag{53}$$

auch

$$F_{,xx} \equiv 0\,, \tag{54}$$

und man erhält schließlich die hierfür gültige Differentialgleichung

$$F_{,yyyy} - 2\left(\frac{F_{,yy}}{y}\right)_{,y} = 0 \tag{55}$$

mit der Lösung

$$F_{,yy} = K_1 \cdot y + K_2 \cdot y^2 \tag{56}$$

und

$$\sigma_x = \frac{F_{,yy}}{f} = K_1 + K_2 \cdot y\,. \tag{57}$$

Hierbei stellt K_1 den Anteil der reinen Zug- oder Druckspannung und $K_2 \cdot y$ den Anteil der reinen Biegespannung dar. Gl. (57) gibt also die Spannung bei exzentrischer Zug- bzw. Druckbeanspruchung an.

Die Lösung nach Gl. (57) erhält man auch sofort mit der VOCKEschen verkürzten Differentialgleichung [12]

$$\Delta\left(\frac{\Delta F}{f}\right) = 0\,, \tag{58}$$

die für ein beliebiges Keilprofil unter einachsiger Beanspruchung in x-Richtung exakt gilt. Aus Gl. (58) folgt

$$\Delta F = f \cdot \Phi\,, \tag{59}$$

wobei Φ eine harmonische Funktion in der Ebene, in unserem Falle

$$\Phi = K_1 + K_2 \cdot y\,, \tag{60}$$

darstellt. Gl. (57) befriedigt mit Gl. (54) die verkürzte Differentialgleichung, da mit

$$\frac{\Delta F}{f} = \frac{F_{,yy}}{f} = K_1 + K_2 \cdot y = \Phi \tag{57a}$$

auch

$$\frac{\partial^2}{\partial y^2}(K_1 + K_2 \cdot y) \equiv 0 \tag{58a}$$

erfüllt ist.

In den folgenden Versuchen soll der Keil einer reinen Zugbeanspruchung unterworfen werden. Die Randbedingung hierfür lautet:

$$\sigma_x = \text{const.} \tag{61}$$

Daraus folgt

$$\left.\begin{aligned} K_2 &= 0\,, \\ K_1 &= \sigma_x\,. \end{aligned}\right\} \tag{62}$$

Abb. 47 (Tafel 9) zeigt einen einfachen Eichversuch des profil-ebenen Spannungszustandes, den Belastungsfall Keil mit linearer Begrenzung unter reinem Zug. Daraus wird die spannungsoptische Konstante S und nach der Dehnungsgittermethode der Elastizitätsmodul E ermittelt. Die Abmessungen des Keils betrugen $l = 300$ mm Länge, $d = 8{,}5$ mm Breite an der Grundlinie und $h = 59$ mm Höhe. Die Belastung wurde horizontal an den beiden Enden des Keils durch je zwei Einzelkräfte aufgebracht, die eine Resultierende $P = 3$ kp in der Wirkungslinie des Flächenschwerpunktes ergaben. In genügender Entfernung von den Enden des Keils gilt dann Gl. (61)

$$\sigma_x = \text{const} = \frac{P}{F} = \sigma \tag{61a}$$

exakt. In jedem Punkt des Keils herrscht ein linearer Spannungszustand. Deshalb besitzt die Hauptgleichung der Spannungsoptik überall die Form

$$\sigma = \frac{n \cdot S}{d}\,. \tag{9}$$

Mit Gl. (67a) kann hierfür

$$\frac{\sigma}{S} = \frac{n(y)}{d(y)} = \text{const} \tag{62}$$

geschrieben werden. Da die Dicke des Keils eine lineare Funktion von y ist, muß wegen Gl. (62) auch die Isochromatenordnung in gleicher Weise von y abhängen. Deshalb besteht das Isochromatenbild aus parallelen Isochromaten gleichen Abstandes, wobei die Ordnungen in Richtung der Keilschneide linear abnehmen und dort den Wert $n = 0$ erreichen. Dieses Isochromatenbild ist äußerlich vergleichbar mit dem der reinen Biegung aus der ebenen Spannungsoptik, obwohl natürlich kein Zusammenhang zwischen reiner Biegung und dem Keil unter reinem Zug besteht.

Die Keildicke $d(y)$ ist überall bekannt. Somit kann die spannungsoptische Konstante aus jeder Isochromatenordnung der Abb. 47 bestimmt werden. Gl. (62) ergibt mit Gl. (61a)

$$S = \frac{2\,P}{dh} \cdot \frac{d(y)}{n(y)} \tag{63}$$

und an der Grundlinie des Keils mit $d(y) = d$ und $n(y) = n_{\max}$

$$S = \frac{2\,P}{h \cdot n_{\max}}\,. \tag{63a}$$

Der Wert der spannungsoptischen Konstanten betrug bei der Vermessung der vier Isochromatenordnungen und an der Grundlinie des Keils übereinstimmend

$$S = 0{,}205 \text{ kp/(Ordn. cm)}.$$

Zur Berechnung des Elastizitätsmoduls wurden mit der Dehnungsgittermethode die Dehnungen der aus Abb. 47 ersichtlichen Meßstrecken 1—2, 7—8, 13—14 und 19—20 ebenfalls sehr gut übereinstimmend zu

$$\varepsilon = 0{,}0560 \quad \text{bzw.} \quad \varepsilon = 5{,}60\%$$

Dehnung ermittelt. Mit der aus Gl. (61a) theoretisch berechneten Spannung $\sigma = 1{,}19\ \text{kp/cm}^2$ ergab sich der Elastizitätsmodul zu

$$E = 21{,}3\ \text{kp/cm}^2 .$$

6.3. Keil unter reinem Zug mit Außenkerbe

Der linear begrenzte Keil unter reinem Zug mit Außenkerbe ist als Beispiel des profil-ebenen Spannungszustandes aus zwei Gründen besonders geeignet. Einmal kann damit der Spannungs- und Verformungszustand bestimmter räumlicher Probleme näherungsweise ermittelt werden und zum anderen bieten bekannte Lösungen der Kerbspannungslehre [26] eine gute Vergleichsmöglichkeit.

Der hier untersuchte Keil unter reinem Zug mit Außenkerbe kann deshalb näherungsweise auch als Segment eines Rundstabes mit Außenkerbe unter Belastung durch Längskraft angesehen werden. Die durch die Kerbwirkung bedingten Formfaktoren α sind hier bekannt und in den einschlägigen Taschenbüchern zu finden.

Die Abb. 49—52 (Tafel 10 und 11) zeigen die Isochromaten- und Dehnungsgitteraufnahmen des Keils mit den Kerben $\varrho/t = 0{,}25$ bzw. 0,5. Die Belastung erfolgte durch zwei Einzelkräfte so, daß die resultierende Kraft P in der Schwerachse des geschwächten Querschnitts lag. In beiden Fällen wurde der Formfaktor der Kerbe durch Extrapolation der Belastung gegen Null, Abb. 48 (Tafel 9), zu $\alpha = 3{,}6$ bzw. 2,7 ermittelt.

Ein Vergleich mit dem z. B. im Taschenbuch Maschinenbau [27] angegebenen Formzahlen $\alpha = 3{,}75$ bzw. 2,85 zeigt eine gute Übereinstimmung der Ergebnisse. Die geringe Abweichung von rund 5% kann auf die fehlende Umfangsspannung σ_t und auf die Vernachlässigung der Radialspannung σ_r an der Keilschneide zurückgeführt werden. Dabei ist der Einfluß von σ_r sicher vernachlässigbar, da die Karrees im Gebiet der Keilschneide, Abb. 50 und 52, keinerlei Verzerrung aufweisen. Dagegen ist es nach einer Arbeit von W. Vocke [14] möglich, die Umfangsspannungen σ_t durch Iteration zu bestimmen.

Da in Zugrichtung keine Symmetrieachse vorhanden ist, kann man ganz exakt nur sagen, daß ein Beispiel untersucht wurde, bei dem der Kraftschwerpunkt mit dem Flächenschwerpunkt des geschwächten Querschnitts übereinstimmt. Die Grundlage für die hier benutzte räumliche Spannungsaussage ist aber dadurch gegeben, daß die die Keilschneide darstellende innere Randlinie während der Belastung gerade geblieben ist und somit dieselbe Lage hat wie beim räumlichen rotationssymmetrischen Problem.

Mit den in dieser Arbeit beschriebenen experimentellen Verfahren kann außerdem der Spannungsverlauf längs des Kerbgrundes, Abb. 53, und im Symmetrieschnitt senkrecht zur Achse, Abb. 54, leicht ermittelt werden. Dabei entsprechen die im Bereich $x/b > 0{,}2$ gestrichelt gezeichneten Verläufe etwa denen des

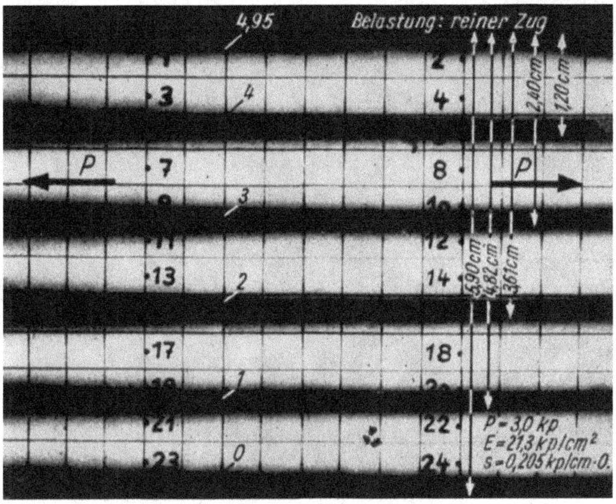

Abb. 47. Eichversuch Keilprofil

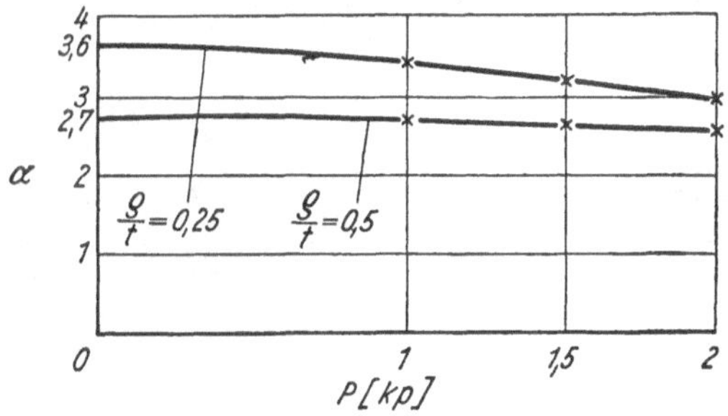

Abb. 48. Extrapolation des Formfaktors gegen die Belastung Null

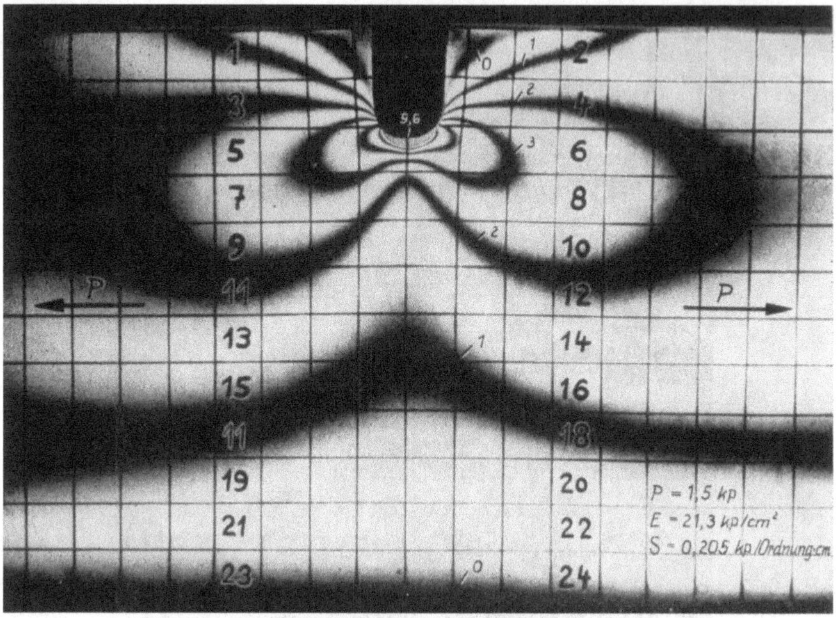

Abb. 49. Spannungsoptische Aufnahme des Keils mit Außenkerbe
$\varrho = 3$ mm, $t = 12$ mm, $\varrho/t = 0{,}25$, $t/D = 0{,}1$
Belastung: reiner Zug im geschwächten Querschnitt

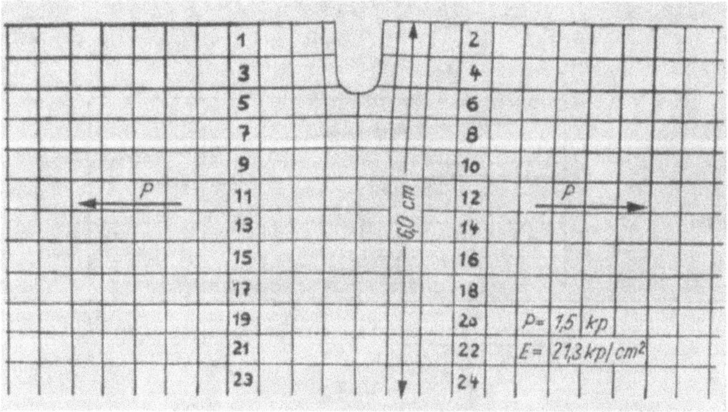

Abb. 50. Dehnungsgitteraufnahme des Keils mit Außenkerbe
$\varrho = 3$ mm, $t = 12$ mm, $\varrho/t = 0{,}25$, $t/D = 0{,}1$
Belastung: reiner Zug im geschwächten Querschnitt

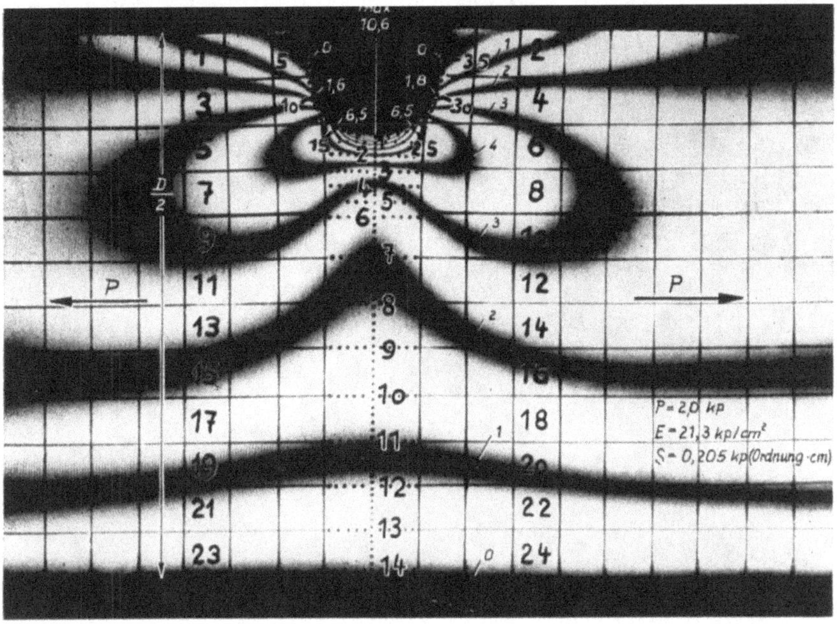

Abb. 51. Spannungsoptische Aufnahme des Keils mit Außenkerbe
$\varrho = 6$ mm, $t = 12$ mm, $\varrho/t = 0{,}5$, $t/D = 0{,}1$
Belastung: reiner Zug im geschwächten Querschnitt

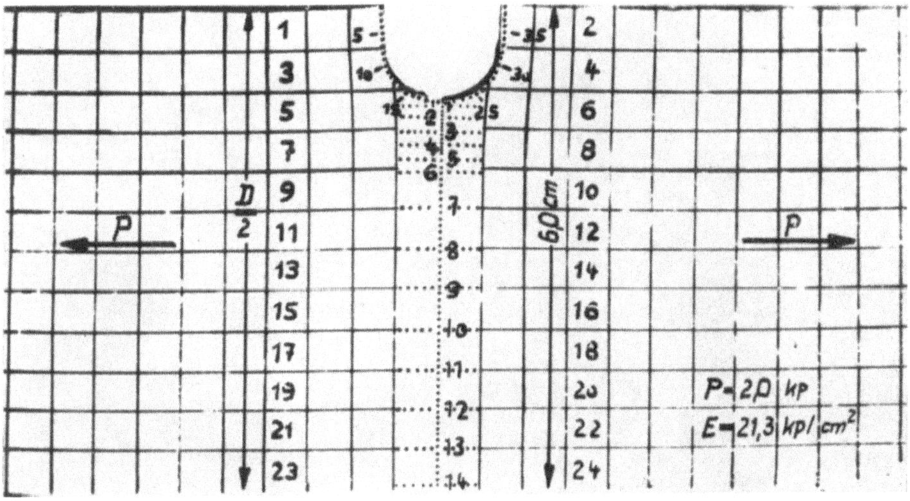

Abb. 52. Dehnungsgitteraufnahme des Keils mit Außenkerbe
$\varrho = 6$ mm, $t = 12$ mm, $\varrho/t = 0{,}5$, $t/D = 0{,}1$
Belastung: reiner Zug im geschwächten Querschnitt

räumlichen rotationssymmetrischen Problems. Wie man daraus erkennt, ist die Abweichung, die auf die experimentell bedingte Nichteinhaltung der Randbedingung $\sigma_2 = \sigma_r \neq 0$ an der Keilschneide zurückzuführen ist, gering und im Gebiet der Kerbe bereits abgeklungen. Da längs des Symmetrieschnittes ein ebener Formänderungszustand angenommen werden kann [26], läßt sich auch die beim räumlichen rotationssymmetrischen Problem vorhandene dritte Hauptspannung σ_t aus der Gleichung

$$\sigma_3 = \sigma_t = \nu \cdot (\sigma_1 + \sigma_2) \tag{64}$$

in erster Näherung berechnen.

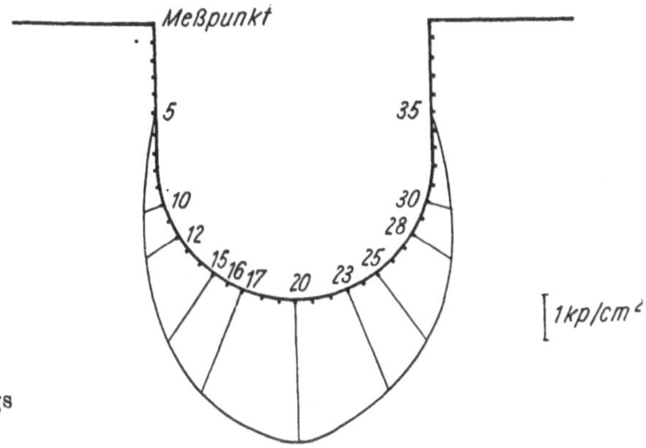

Abb. 53. Spannungsverlauf längs des Kerbgrundes $\varrho/t = 0{,}5$

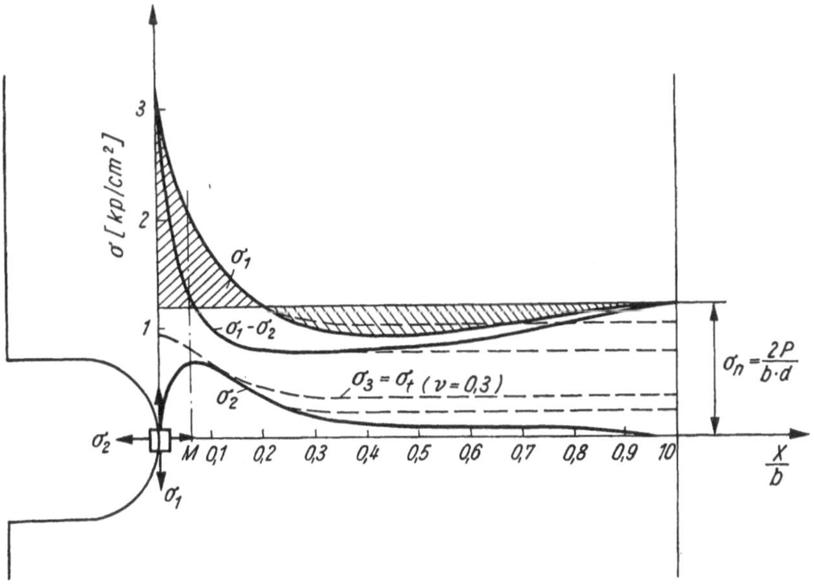

Abb. 54. Spannungsverlauf im Symmetrieschnitt $\varrho/t = 0{,}5$

7. Ähnlichkeitgesetze

Modell- und Analogieverfahren setzen sowohl die mathematische als auch die physikalische Ähnlichkeit zwischen Hauptausführung und Modell bzw. dem gleichwertigen Ersatzvorgang voraus. Bei den Modellverfahren ist die physikalische Ähnlichkeit, bedingt durch die geometrische Ähnlichkeit zwischen Hauptausführung und Modell sowie der Ähnlichkeit der Belastung zwischen beiden Vorgängen, offensichtlich.

Da in der Analogietechnik zwei völlig verschiedene Vorgänge dann analog verlaufen, wenn die beiden mathematischen Funktionen mit allen Anfangs- und Randbedingungen gleich sind, entsteht hier scheinbar der Eindruck, daß nur mathematische Ähnlichkeit erforderlich ist. Tatsache ist aber, daß die in beiden mathematischen Funktionen enthaltenen physikalischen Größen sofort die geometrische Ähnlichkeit und Ähnlichkeit in der Belastung zwischen Hauptausführung und gleichwertigem Ersatzvorgang bedingen, weil zwischen den entsprechenden Größen der beiden Vorgänge ganz bestimmte Gesetzmäßigkeiten physikalischer Art herrschen. Somit besteht zwischen Modell- und Analogieverfahren kein prinzipieller Unterschied.

Das Ziel aller Modelluntersuchungen ist es, die gewonnenen Versuchsergebnisse mit Hilfe der Modellgesetze auf die Hauptausführung zu übertragen [28]. Wir können uns hier auf die Gesetze bei statischen Elastizitätsproblemen beschränken. Mönch [29] hat im besonderen die Übertragung der spannungsoptischen Ergebnisse untersucht. Die gleichen Überlegungen sind auch für die Dehnungsgittermethode gültig.

Betrachtungen auf der Grundlage der Funktionsanalyse oder der Dimensionsanalyse [30] zeigen, daß dann die Übertragung der Versuchsergebnisse auf die Hauptausführung exakte Aussagen liefert, wenn das Hookesche Modellgesetz

$$\varepsilon_v = \frac{\varepsilon_M}{\varepsilon_H} = 1 \qquad (65)$$

und das Poissonsche Modellgesetz

$$\nu_v = \frac{\nu_M}{\nu_H} = 1 \qquad (66)$$

erfüllt werden. Da beide Gesetze aber nicht eingehalten werden können, macht sich eine Fehlerabschätzung erforderlich.

Bei der Verletzung des Hookeschen Modellgesetzes durch Dehnungsübertreibung — man spricht hier von erweiterter Ähnlichkeit — entsteht kein Fehler, solange der verformte Zustand in Geometrie und Belastung der Hauptausführung ähnlich bleibt. Aus diesem Grunde kann auch der geringe Wert der dehnungsoptischen Konstanten D des modifizierten Epoxidharzes nicht für die Güte des Modellwerkstoffes bestimmend sein.

Andere Verhältnisse bestehen beim Poissonschen Modellgesetz. Der lineare Spannungszustand und somit die Spannungsverteilung am lastfreien Rand, der Belastungsfall Torsion und verschiedene Belastungsfälle des profil-ebenen Spannungszustandes, darunter der untersuchte Keil ohne Kerbe, sind unabhängig von der Querdehnzahl. Die Übertragung solcher Versuchsergebnisse auf die Hauptausführung erfolgt demnach fehlerfrei.

Dagegen ist die vollständige Auswertung ebener und räumlicher Probleme abhängig von der Querdehnzahl. Es ist bekannt, daß man durch Erzeugen von Poren im Werkstoff die Querdehnzahl auf den gewünschten Wert senken kann. Obwohl die Herstellung geschäumter Kunststoffe im Prinzip möglich ist, würden aber solche Harze spannungsoptisch unbrauchbar sein. Deshalb kann z. Z. die Querdehnzahl unserer modifizierten Epoxidharze nicht verändert werden. Der durch die Verletzung des Poissonschen Modellgesetzes entstehende Fehler muß deshalb in Kauf genommen werden. Eine Abschätzung ist nicht allgemein möglich, sondern muß von Fall zu Fall durchgeführt werden. Aus der Literatur sind bereits verschiedene Beispiele bekannt [26, 31]; danach sind die technisch wichtigen größten Hauptspannungen σ_1 fast unabhängig von der Querdehnzahl, während bei den beiden kleineren Hauptspannungen eine größere Abweichung auftritt.

Allgemein muß man deshalb bei der Forderung nach einer genauen Kenntnis der Spannungen versuchen, ein entsprechendes bekanntes Vergleichsproblem zu finden. In jedem Fall kann aber gesagt werden, daß die gefundenen Versuchsergebnisse eine wertvolle Hilfe bei der Ermittlung des vorher unbekannten Spannungszustandes in der Hauptausführung darstellen.

8. Zusammenfassung und Ausblick auf weitere Probleme

Diese Arbeit soll ein Betrag zur weiteren Entwicklung der modellmechanischen Verfahren sein. Es wird der entwickelte Modellwerkstoff untersucht, die Wechselwirkung zwischen Spannungsoptik und Dehnungsgittermethode betrachtet und ein neues Auswerteverfahren beschrieben.

Bei Verwendung modifizierter Epoxidharze als Modellwerkstoff kann einmal der Anwendungsbereich der Spannungsoptik erweitert werden, und zum anderen resultiert aus der Kombination der Spannungsoptik mit der Dehnungsgittermethode ein vollständiges Auswerteverfahren für ebene Probleme. Unter Einbeziehung des profil-ebenen Spannungszustandes können auch bestimmte räumliche Probleme untersucht werden. Dabei eignen sich modifizierte Epoxidharze mit etwa 60% Weichmacher besonders gut. Erstens kommt hier das Kriechen bereits nach sehr kurzer Zeit zum Stillstand, und zweitens besitzen sowohl der Elastizitätsmodul als auch die spannungsoptische Konstante für beide Verfahren günstige Werte.

Diese Schrift gibt Anregungen für weitere Arbeiten. So können räumliche Modelle aus modifizierten Harzen gegossen werden, die nach den gewonnenen Erfahrungen im Vergleich mit Modellen aus den üblichen Standardharzen geringere bzw. überhaupt keine Eigenspannungen aufweisen werden. Die kombinierte Untersuchungsmöglichkeit bedeutet außerdem einen Fortschritt bei Messungen an diesen Modellen.

Die Formgebung durch Gießen gestattet auch die Untersuchung anderer Profile des profil-ebenen Spannungszustandes. Weiterhin kann zusätzlich der Belastungsfall Biegung untersucht werden.

Schließlich wären noch einige chemische Arbeiten nützlich mit dem Ziel, die Querdehnzahl der modifizierten Harze durch geeignete Zusätze zu senken, damit das Poissonsche Modellgesetz weitgehend eingehalten werden kann.

Ich danke meinem Mitarbeiter, Herrn ROLAND MEYER, für seine aufopferungsvolle Mithilfe bei der Fertigstellung dieser Arbeit, insbesondere beim Bau der benötigten Versuchsapparaturen. Den Herren Professoren Dr. habil. VOCKE und Dr. habil. WICKLEDER danke ich für wertvolle Hinweise und das dieser Arbeit jederzeit entgegengebrachte fördernde Interesse.

Prof. Dr.-Ing. habil. JOACHIM HEYMANN,
Technische Hochschule Karl-Marx-Stadt,
Institut für Angewandte Mechanik

Literatur

[1] FÖPPL, L. und MÖNCH, E., Praktische Spannungsoptik. Springer-Verlag, Berlin 1959.
[2] WOLF, H., Spannungsoptik. Springer-Verlag, Berlin 1961.
[3] FROCHT, M. M., Photoelasticity. New York, Bd. I (1941), Bd. II (1948).
[4] ROZANOV, N. S., Metod tenzosjetki. Gosenergoizdat Moskva–Leningrad 1958.
[5] MEJZLIK, L., Použitie valcoviny pre modelové meranie hydrotechnickych konštruckcii. Vodni hospodařstvi 7 (1958) 196–200.
[6] VOCKE, W., Die direkte Modell-Methode zur Lösung von Spannungs- und Strömungsproblemen. Maschinenbautechnik 7 (1958) 562.
[7] VOCKE, W., Festigkeitslehre mit Gummimodellen. Maschinenbautechnik 8 (1959) 364–365.
[8] VOCKE, W., Spannungsermittlung an Kraftmaschinenteilen mit Hilfe der Gummimodell-Methode. Maschinenbautechnik 12 (1963) 59–62.
[9] MÜLLER, E., Probleme der Gummimodelltechnik. Maschinenbautechnik 14 (1965) 73–76.
[10] ULLMANN, K., Die Gummimodellmethode zur Untersuchung von Stäben bei verschiedenen Belastungen. Maschinenbautechnik 14 (1965) 9–12.
[11] ULLMANN, K., Experimentelle Untersuchungen zur Flächenpressung in den Teilfugen von Turbinengehäuseflanschen. Maschinenbautechnik 14 (1965) 571–575.
[12] VOCKE, W., Der profil-ebene Spannungszustand. ZAMM 41, H. 6 (1961) 257–261.
[13] VOCKE, W., Der keilprofil-ebene Wandstreifen von endlicher Breite unter konstanter und linearer Belastung. ZAMM 42, H. 4/5 (1962) 174–179.
[14] VOCKE, W., Der profil-ebene Verzerrungszustand. ZAMM 42, H. 6 (1962) 239–243.
[15] DURELLI, A. J. und RILEY, W. F., Developments in the Grid Method of Experimental Stress Analysis. Proceedings S.E.S.A. Vol. XIV, Nr. 2 (1957) 91–100.
[16] MYLONAS, C., Experiments on Composite Models with Applications to Cemented Joints. Proceedings S.E.S.A. Vol. XII, Nr. 2 (1955) 129–142.
[17] SPOONER, H. und MCCONNELL, L. D., An Ethoxylene Resin for Photoelastic Work. British Journal of Applied Physics 4 (1953) 181–184.
[18] HILTSCHER, R., Gütebeurteilung spannungsoptischer Modellwerkstoffe. Forsch. Ing.-Wes. 20, H. 3 (1954) 66–76.
[19] HEYMANN, J., Spannungsoptische Untersuchung eines Federbundes aus dem Epoxydharz EG 1. „Internationales Spannungsoptisches Symposium“ Berlin vom 10.–15. 4. 1961. Akademie-Verlag, Berlin (1962) 51–55.
[20] HEYMANN, J., Spannungsoptische Untersuchung eines kreisbogenverzahnten Kegelradtriebes. Dissertation TH Karl-Marx-Stadt 1963.
[21] HEYMANN, J., Verarbeitung des Epoxydharzes EG 1. Wiss. Zeitschr. d. Hochschule f. Arch. u. Bauwesen Weimar 11, H. 2 (1964) 140–141.
[22] HABERLAND, G. und PIDDE, CH., Der dehnungsoptische Effekt der Epoxydharze beim spannungsoptischen Erstarrungsverfahren. Wiss. Zeitschr. d. Hochschule f. Arch. u. Bauwesen Weimar 11, H. 2 (1964) 127–137.

[23] STUART, H. A., Die Physik der Hochpolymeren, Bd. 4. Springer-Verlag, Berlin 1956.
[24] HOUWINK, R., Elastizität, Plastizität und Struktur der Materie. Steinkopff, Dresden und Leipzig 1958.
[25] HEYMANN, J., Der Einfluß des Belastungsfalles auf die spannungsoptische Konstante. Schriftenr. Inst. Mathem. Dtsch. Akad. Wiss. Berlin, Reihe B, Heft 4, Beiträge zur Spannungs- und Dehnungsanalyse III (1966) 51–62.
[26] NEUBER, H., Kerbspannungslehre. Springer-Verlag, Berlin 1958.
[27] Autorenkollektiv, Taschenbuch Maschinenbau, Bd. I. VEB Verlag Technik, Berlin 1965.
[28] FEUCHT, W., Einführung in die Modelltechnik. In: Handbuch der Spannungs- und Dehnungsmessung von FINK und ROHRBACH, VDI-Verlag, Düsseldorf 1965.
[29] MÖNCH, E., Die Ähnlichkeits- und Modellgesetze bei spannungsoptischen Versuchen. Z. angew. Phys. **1**, H. 7 (1949) 306–316.
[30] MÜLLER, L., Praktische Anwendungsanleitungen zur Dimensionsanalyse. Forsch. Ing.-Wes. **30** (1964) 189–192.
[31] HEYMANN, J., Halbraum unter elliptisch begrenzter, gleichmäßiger Flächenlast. ZAMM **43**, H. 12 (1963) 568–572.

Eine Untersuchung über die Spannungsverteilung in der Halbebene

K. H. LAERMANN

1. Einleitung

Die Spannungsverteilung im elastisch isotropen Halbraum ist in zahlreichen Arbeiten untersucht worden mit dem Ziel, für die Anwendung in der Praxis möglichst einfache Berechnungsformeln zu finden, die relativ schnell eine zuverlässige Aussage über die Randspannungen oder die Spannungen im Inneren liefern [1 bis 6]. Vorwiegend handelt es sich dabei um Untersuchungen über die Beanspruchungen des Baugrundes oder der Gründungskörper, [7] bis [11].

Geht man davon aus, daß die Lasten an der Oberfläche des Halbraumes angreifen, so ist zu unterscheiden, ob es sich um eine unmittelbare oder mittelbare Lasteinleitung handelt. Bei der unmittelbaren Belastung ist die Frage der Randspannungen rasch geklärt, nicht jedoch bei der mittelbaren Belastung. Die theoretischen Lösungen liefern z. B. bei dem im folgenden untersuchten Fall der mittelbaren Belastung über einen starren Körper unendlich große Spannungen an den Rändern dieses Körpers, was in Wirklichkeit nicht möglich ist, weil jedes Material an diesen hochbeanspruchten Stellen plastische Formänderungen erfährt. Der Bereich, in dem theoretisch diese großen Spannungen auftreten, ist jedoch so klein, daß sich unter Beachtung des Prinzips von DE ST. VENANT die Frage stellt, inwieweit überhaupt dieser Sachverhalt weiter im Inneren des elastisch isotropen Halbraumes eine Rolle spielt.

Da die anstehenden Probleme sich vom Raum auf die Halbebene reduzieren lassen (ebener Formänderungszustand), liegt es nahe, mit Hilfe spannungsoptischer Methoden die theoretischen Ergebnisse des ebenen Problems mit der Wirklichkeit zu vergleichen und dabei zu versuchen, zu Rückschlüssen auf die Brauchbarkeit von Näherungslösungen und Vereinfachungen zu kommen.

Es sollen im folgenden theoretisch und experimentell zwei Fälle untersucht werden, nämlich einmal die unmittelbare Belastung der Halbebene mit einer Trapezlast und zweitens die mittelbare Belastung durch eine Einzellast über einen starren Körper.

2. Die Halbebene unter trapezförmiger Belastung

2.1. Ableitung der Ausdrücke für die Spannungen

Es wird die Spannungsverteilung in der Halbebene bei unbehinderter Querkontraktion senkrecht zur Scheibenebene unter einer trapezförmigen Streckenlast als Randbelastung untersucht (Abb. 1).

Greift an der Halbebene eine Randnormalkraft P im Koordinatenursprung an, so ergeben sich nach [12] die folgenden Ausdrücke für die Spannungen:

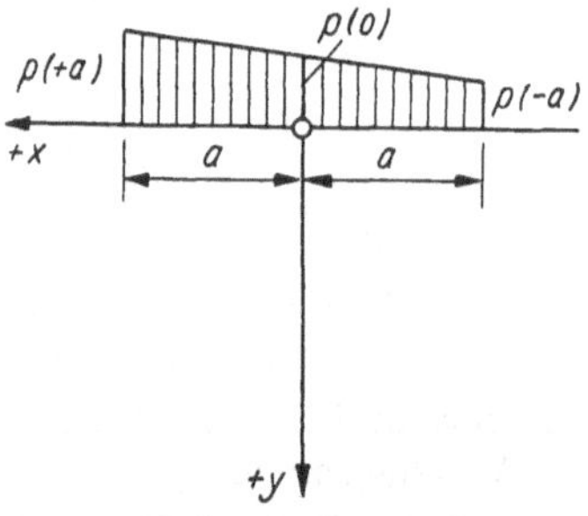

Abb. 1

$$\left.\begin{aligned} \sigma_x &= -\frac{2P}{\pi d}\cdot\frac{x^2 y}{(x^2+y^2)^2}, \\ \sigma_y &= -\frac{2P}{\pi d}\cdot\frac{y^3}{(x^2+y^2)^2}, \\ \tau_{xy} &= -\frac{2P}{\pi d}\cdot\frac{x y^2}{(x^2+y^2)^2}. \end{aligned}\right\} \tag{1}$$

In diesen Formeln bezeichnet d die Scheibendicke. Die vorgegebene Streckenlast wird durch lauter Einzellasten von der Größe $p(\xi)\,d\xi$ ersetzt, für die sich die Spannungen gemäß (1) ergeben, wenn statt P nunmehr $p(\xi)\,d\xi$ angeschrieben wird. Der Koordinatenursprung ist dabei jeweils in den Lastangriffspunkt zu verlegen, die Ausdrücke für die Spannungen sind anschließend auf ein festes Koordinatensystem $x\,y$ zu transformieren. Eine Aufsummierung der Einflüsse aller Teillasten liefert die Spannungen in der Halbebene für die vorgegebene Streckenlast:

$$\left.\begin{aligned} \sigma_x &= -\frac{2}{\pi d}\int\limits_{\xi=-a}^{\xi=+a} p(\xi)\,\frac{(x-\xi)^2\,y}{[(x-\xi)^2+y^2]^2}\,d\xi, \\ \sigma_y &= -\frac{2}{\pi d}\int\limits_{\xi=-a}^{\xi=+a} p(\xi)\,\frac{y^3}{[(x-\xi)^2+y^2]^2}\,d\xi, \\ \tau_{xy} &= -\frac{2}{\pi d}\int\limits_{\xi=-a}^{\xi=+a} p(\xi)\,\frac{(x-\xi)\,y^2}{[(x-\xi)^2+y^2]^2}\,d\xi. \end{aligned}\right\} \tag{2}$$

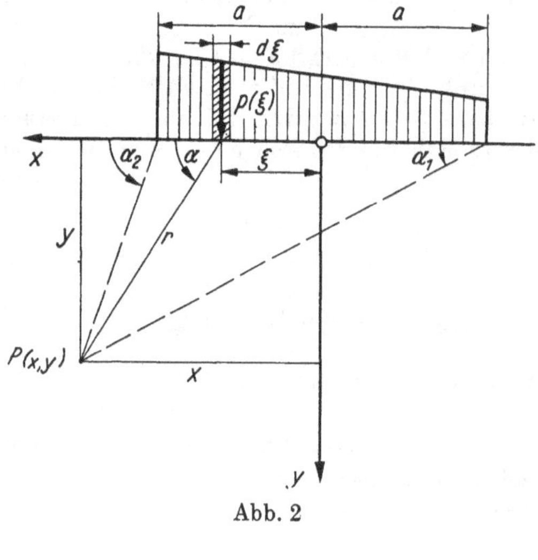

Abb. 2

Unter Berücksichtigung der geometrischen Zusammenhänge (Abb. 2) ergibt sich

$$(x-\xi)^2+y^2=r^2,$$

$$\frac{x-\xi}{r}=\cos\alpha,$$

$$\frac{y}{r}=\sin\alpha,$$

$$\frac{x-\xi}{y}=\cot\alpha.$$

Aus der letzten Beziehung folgt

$$\xi = x - y\cot\alpha$$

und nach Differentiation

$$d\xi = y\,\frac{1}{\sin^2\alpha}\,d\alpha.$$

Damit lauten die Ausdrücke (2) nach Umformung und Substitution der Integrationsgrenzen

$$\left.\begin{aligned}\sigma_x &= -\frac{2}{\pi d}\int_{\alpha_1}^{\alpha_2} p(\xi)\cos^2\alpha\, d\alpha\,,\\ \sigma_y &= -\frac{2}{\pi d}\int_{\alpha_1}^{\alpha_2} p(\xi)\sin^2\alpha\, d\alpha\,,\\ \tau_{xy} &= -\frac{2}{\pi d}\int_{\alpha_1}^{\alpha_2} p(\xi)\sin\alpha\cos\alpha\, d\alpha\,.\end{aligned}\right\} \quad (2\text{a})$$

Mit der Lastfunktion (Abb. 3)

$$p(\xi) = p(0) + \frac{\Delta p}{a}\,\xi$$

$$= p(0) + \frac{\Delta p}{a}\,(x - y\cot\alpha)$$

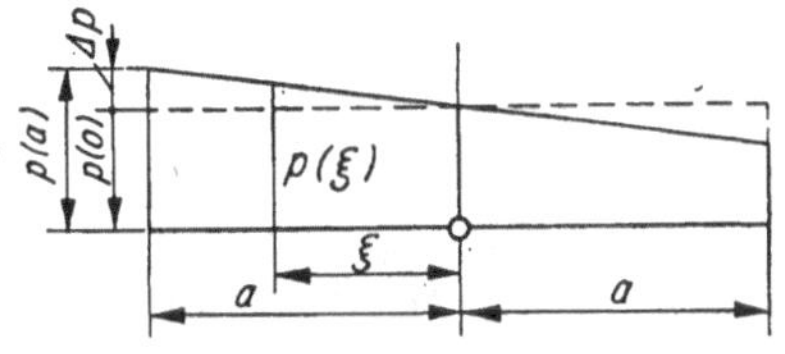

Abb. 3

lauten die Ausdrücke für die Spannungen

$$\left.\begin{aligned}\sigma_x &= -\frac{2}{\pi d}\left\{\left(p(0) + \Delta p\,\frac{x}{a}\right)\int_{\alpha_1}^{\alpha_2}\cos^2\alpha\, d\alpha - \Delta p\,\frac{y}{a}\int_{\alpha_1}^{\alpha_2}\cot\alpha\cos^2\alpha\, d\alpha\right\},\\ \sigma_y &= -\frac{2}{\pi d}\left\{\left(p(0) + \Delta p\,\frac{x}{a}\right)\int_{\alpha_1}^{\alpha_2}\sin^2\alpha\, d\alpha - \Delta p\,\frac{y}{a}\int_{\alpha_1}^{\alpha_2}\sin\alpha\cos\alpha\, d\alpha\right\},\\ \tau_{xy} &= -\frac{2}{\pi d}\left\{\left(p(0) + \Delta p\,\frac{x}{a}\right)\int_{\alpha_1}^{\alpha_2}\sin\alpha\cos\alpha\, d\alpha - \Delta p\,\frac{y}{a}\int_{\alpha_1}^{\alpha_2}\cos^2\alpha\, d\alpha\right\}.\end{aligned}\right\} \quad (2\text{b})$$

Die Integration liefert schließlich

$$\left.\begin{aligned}\sigma_x &= -\frac{1}{\pi d}\left\{\left(p(0) + \Delta p\,\frac{x}{a}\right)\left(\alpha + \frac{1}{2}\sin 2\alpha\right)\right.\\ &\qquad \left.- \Delta p\,\frac{y}{a}\left(\frac{1}{2}\sin 2\alpha\cot\alpha + 2\ln\sin\alpha\right)\right\}\Bigg|_{\alpha_1}^{\alpha_2},\\ \sigma_y &= -\frac{1}{\pi d}\left\{\left(p(0) + \Delta p\,\frac{x}{a}\right)\left(\alpha - \frac{1}{2}\sin 2\alpha\right) - \Delta p\,\frac{y}{a}\sin^2\alpha\right\}\Bigg|_{\alpha_1}^{\alpha_2},\\ \tau_{xy} &= -\frac{1}{\pi d}\left\{\left(p(0) + \Delta p\,\frac{x}{a}\right)\sin^2\alpha - \Delta p\,\frac{y}{a}\left(\alpha + \frac{1}{2}\sin 2\alpha\right)\right\}\Bigg|_{\alpha_1}^{\alpha_2}.\end{aligned}\right\} \quad (2\text{c})$$

Diese Ausdrücke gestatten es nun, die Spannungen σ_x, σ_y und τ_{xy} in jedem Punkt der Halbebene infolge einer trapezförmigen Streckenlast zu bestimmen.

2.2. Zahlenbeispiel

Für eine Scheibe von der Dicke $d = 1{,}0$ cm werden die Spannungen und die Richtungen der Hauptspannungen infolge einer trapezförmigen Randlast berechnet.

Die Werte

$$a = 3\ \text{cm}\,, \quad p(+a)/p(-a) = 3\,, \quad \Delta p = \frac{1}{3}p(+a)\,, \quad p(0) = \frac{2}{3}p(+a)$$

werden in die Ausdrücke für die Spannungen (2c) eingesetzt, die dann unter Berücksichtigung der Integrationsgrenzen lauten:

$$\sigma_x = -\frac{p(+a)}{3\pi}\left\{\left(2+\frac{1}{3}x\right)\left[\alpha_2-\alpha_1+\frac{1}{2}(\sin 2\alpha_2-\sin 2\alpha_1)\right]\right.$$
$$\left.-\frac{1}{3}y\left[\frac{1}{2}(\sin 2\alpha_2\cot\alpha_2-\sin 2\alpha_1\cot\alpha_1)+2\ln\frac{\sin\alpha_2}{\sin\alpha_1}\right]\right\},$$

$$\sigma_y = -\frac{p(+a)}{3\pi}\left\{\left(2+\frac{1}{3}x\right)\left[\alpha_2-\alpha_1-\frac{1}{2}(\sin 2\alpha_2-\sin 2\alpha_1)\right]\right.$$
$$\left.-\frac{1}{3}y(\sin^2\alpha_2-\sin^2\alpha_1)\right\},$$

$$\tau_{xy} = -\frac{p(+a)}{3\pi}\left\{\left(2+\frac{1}{3}x\right)(\sin^2\alpha_2-\sin^2\alpha_1)\right.$$
$$\left.-\frac{1}{3}y\left[\alpha_2-\alpha_1+\frac{1}{2}(\sin 2\alpha_2-\sin 2\alpha_1)\right]\right\}.$$

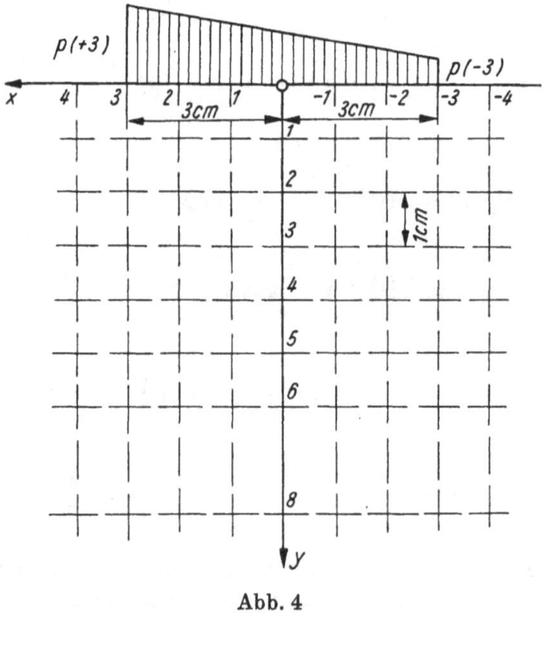

Abb. 4

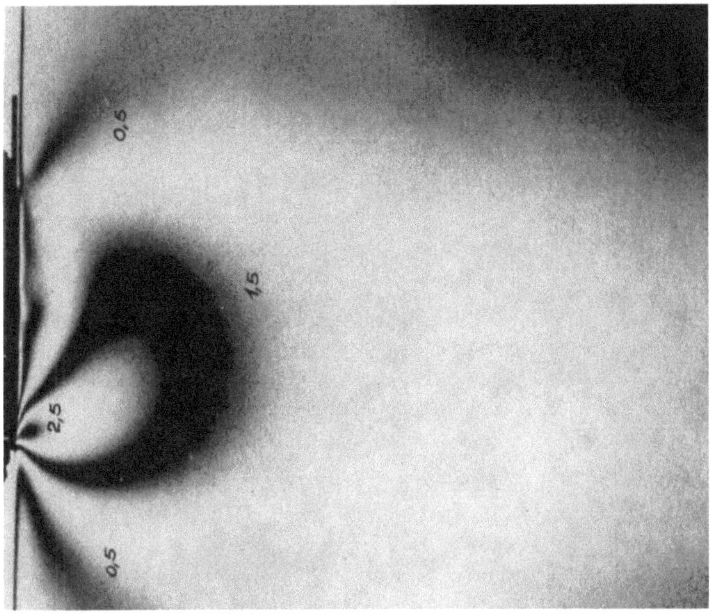

Abb. 6

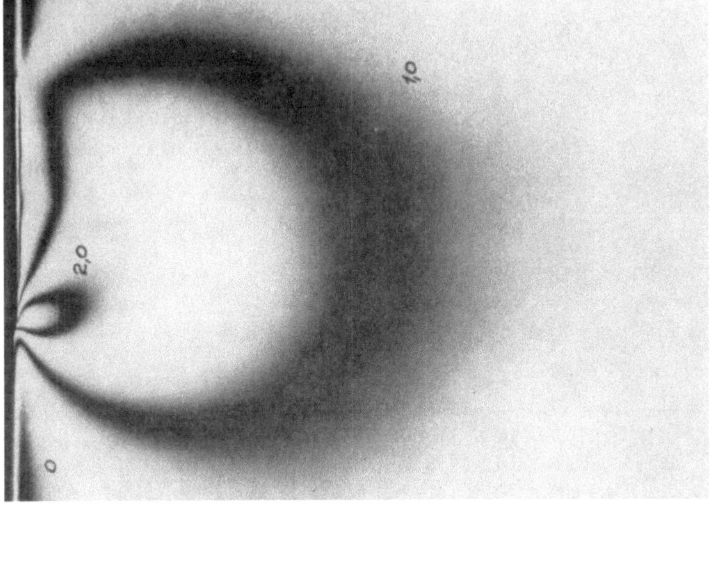

Abb. 5

Diese Beziehungen wurden für die in Abb. 4 angegebenen Punkte ausgewertet. Das Ergebnis für die Maximalordinate der Belastung $p(+a) = 113{,}3$ kp/cm^2 ist in Tabelle 1 angeschrieben.

Tabelle 1

	$x \rightarrow$	4	3	2	1	0	−1	−2	−3	−4
	y 0	0	−113,3	−100,8	−88,1	−75,5	−63,0	−50,6	−37,7	0
	↓ 1	−29,2	−34,4	−38,6	−46,1	−45,6	−40,4	−31,9	−25,5	−19,0
	2	−25,5	−23,0	−20,4	−23,0	−25,0	−24,8	−23,4	−22,7	−20,9
σ_x	3	−19,2	−15,8	−13,1	−12,2	−13,7	−15,4	−16,3	−18,2	−18,4
	4	−14,1	−10,2	− 8,1	− 7,1	− 7,9	− 9,7	−12,0	−14,9	−15,3
	5	−10,5	− 7,8	− 5,5	− 4,4	− 4,8	− 6,4	− 8,5	−10,7	−12,2
	6	− 7,8	− 5,6	− 3,8	− 2,8	− 3,1	− 4,3	− 6,1	− 8,1	− 9,7
	8	− 4,6	− 3,1	− 2,0	− 1,4	− 1,4	− 2,1	− 3,3	− 4,7	− 6,1
	0	0	−113,3	−100,8	−88,1	−75,5	−63,0	−50,6	−37,7	0
	1	− 9,4	−64,8	−89,5	−85,5	−74,5	−62,0	−47,5	−22,8	− 4,2
	2	−22,0	−48,6	−71,7	−76,0	−69,5	−58,3	−43,7	−25,8	−11,4
σ_y	3	−27,4	−44,9	−59,5	−65,0	−61,9	−53,2	−41,2	−27,8	−16,2
	4	−29,0	−41,0	−50,6	−55,6	−54,0	−48,0	−39,1	−28,5	−19,1
	5	−29,0	−37,6	−44,5	−48,0	−46,0	−42,9	−36,1	−28,3	−20,7
	6	−28,1	−34,3	−39,3	−41,9	−41,6	−38,5	−33,5	−27,5	−21,5
	8	−25,4	−29,0	−34,1	−33,2	−33,1	−31,5	−26,3	−25,1	−21,2
	0	0	0	0	0	0	0	0	0	0
	1	−15,1	−30,1	− 8,9	3,3	7,6	10,1	13,2	16,1	7,8
	2	−21,2	−24,8	−13,9	− 0,5	8,4	13,9	17,9	18,4	13,4
τ_{xy}	3	−20,3	−20,4	−13,0	− 2,4	6,9	13,6	17,5	18,1	15,4
	4	−18,0	−16,6	−10,6	− 2,8	5,2	11,5	15,4	16,1	15,4
	5	−15,5	−13,6	− 8,9	− 2,6	4,0	9,5	13,2	14,8	14,5
	6	−13,2	−11,2	− 7,4	− 2,3	3,1	7,7	11,1	12,9	13,1
	8	− 9,6	− 6,6	− 4,8	− 1,2	1,9	5,2	6,7	9,5	10,4

Die Hauptspannungsrichtungen errechnen sich aus der Beziehung

$$\tan 2\varphi = -\frac{2\tau_{xy}}{(\sigma_x - \sigma_y)} \quad \text{bzw.} \quad \varphi = \frac{1}{2} \operatorname{arc\,tan} \left(-\frac{2\tau_{xy}}{(\sigma_x - \sigma_y)}\right).$$

Die daraus ermittelten Werte sind in der Tabelle 2 zusammengestellt.

Tabelle 2

	$x \rightarrow$	4	3	2	1	0	−1	−2	−3	−4
	y 0	—	—	—	—	—	—	—	—	—
	↓ 1	61,2	31,7	9,7	−4,7	−13,8	−21,5	−29,7	−47,4	−66,8
	2	42,6	31,3	14,2	1,0	−10,3	−19,8	−31,9	−42,6	−54,7
φ^0	3	39,3	27,2	14,7	2,6	− 7,5	−17,7	−27,3	−37,6	−47,0
	4	33,8	23,6	13,3	3,3	− 6,4	−15,6	−24,3	−33,5	−41,4
	5	29,5	21,2	12,3	3,4	− 5,4	−13,7	−21,9	−29,6	−36,8
	6	26,3	19,0	11,3	3,3	− 4,6	−12,1	−19,5	−26,5	−32,9
	8	21,4	13,4	8,2	2,1	− 3,5	− 9,8	−15,1	−21,5	−27,0

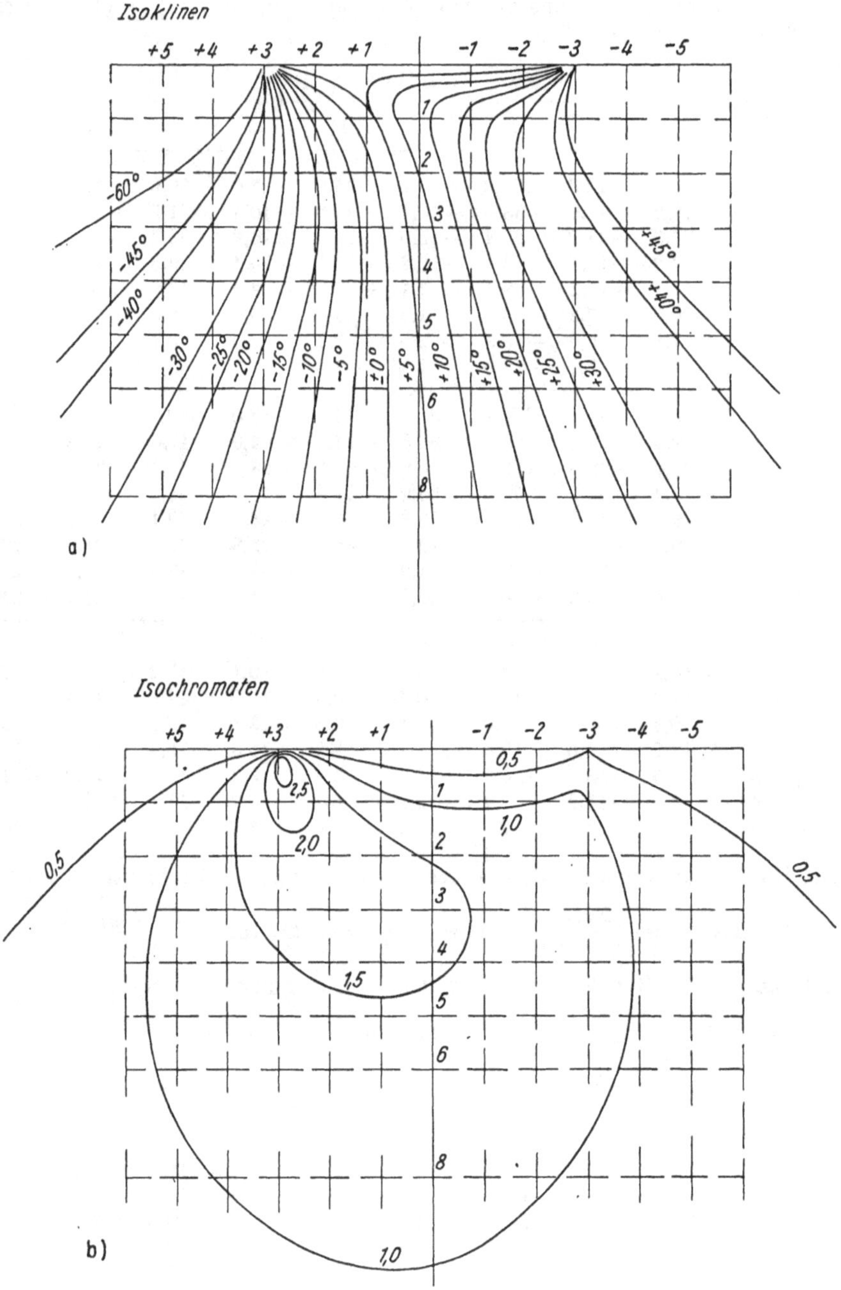
Isoklinen
+5 +4 +3 +2 +1 -1 -2 -3 -4 -5
-60°
-45°
-40°
-30°
-25°
-20°
-15°
-10°
-5°
±0°
+5°
+10°
+15°
+20°
+25°
+30°
+45°
+40°
1
2
3
4
5
6
8
a)
Isochromaten
+5 +4 +3 +2 +1 -1 -2 -3 -4 -5
0,5
2,5
2,0
1,0
1,5
0,5
0,5
1,0
1
2
3
4
5
6
8
b)

Abb. 7

2.3. Spannungsoptischer Versuch

Es wurde eine Platte untersucht von der Größe 44×23 cm² in einer mittleren Stärke $d = 9{,}9$ mm aus VP 1527, das eine spannungsoptische Konstante $S = 31{,}7$ kp/(cm · Ordn.) nach Temperung aufwies. Zur Gewährleistung einer gleichmäßig verteilten Pressung an der Unterseite der Scheibe wurde zwischen der starren Unterlage und dem Modell eine 5 mm dicke Gummi- und eine ebenfalls 5 mm dicke Moosgummischicht gelegt. Die Kraftmeßuhr zeigte beim Versuch eine Kraft von 226,3 kp an, mithin betrug die Belastung des Modells entsprechend dem Übersetzungsverhältnis 1:2 von der Uhr zur Belastungsvorrichtung $P = 452{,}6$ kp. Dies entspricht einem Maximalwert der Streckenlast von $p\,(+\,a) = 113{,}3$ kp/cm, bezogen auf 1,0 cm Modelldicke.

Die Abbildungen 5 und 6 (Tafel 12) zeigen die Isochromatenaufnahmen im zirkularen Dunkel- bzw. im zirkularen Hellfeld. In Abb. 7 a und b sind die beim Versuch aufgezeichneten Isoklinen und Isochromaten im Maßstab des Modells aufgetragen.

Die genauen Isochromatenordnungen in den einzelnen Rasterpunkten der untersuchten Schnitte wurden mittels Kompensation gefunden. Die Auswertung erfolgt für einige Schnitte $x =$ const, und zwar in Tabelle 3 für τ_{xy}, in Tabelle 4 für σ_y und in Tabelle 5 für σ_x.

Bei der Untersuchung des Schnittes $x = -\,3{,}0$ ist zu beachten, daß im Punkt $(-3{,}0;\ 0)$ wie auch im Punkt $(+3{,}0;\ 0)$ ein singulärer Punkt vorliegt. In diesen Punkten ist die Isochromatenordnung $\delta = 0$, und die Isoklinen laufen hier zusammen. Außerdem ändert sich die äußere Belastung sprunghaft. Damit ist der Verlauf der Randspannungen σ_x und σ_y an diesen Stellen theoretisch unstetig. Eine genaue Ermittlung dieser Spannungen, auch in der nächsten Umgebung dieser Punkte, auf Grund spannungsoptischer Untersuchungen ist kaum möglich.

Die Spannung σ_y im Punkte $(-3{,}0;\ +1{,}0)$ wurde nun, da eine Integration vom Rande her aus den vorerwähnten Gründen nicht vorgenommen werden konnte, so gefunden, daß längs des Schnittes $y = +1{,}0$ die Spannungswerte σ_y für $x = \pm 0;\ -1{,}0;\ -2{,}0;\ -3{,}5$ ermittelt und der Wert für σ_y im Punkte $(-3{,}0;\ +1{,}0)$ graphisch interpoliert wurde (Abb. 8).

Mit diesem Wert als Anfangswert wurde dann der Verlauf der Spannung σ_y längs $x = -3{,}0$ nach dem Schubspannungsdifferenzenverfahren wie bei den übrigen Schnitten bestimmt.

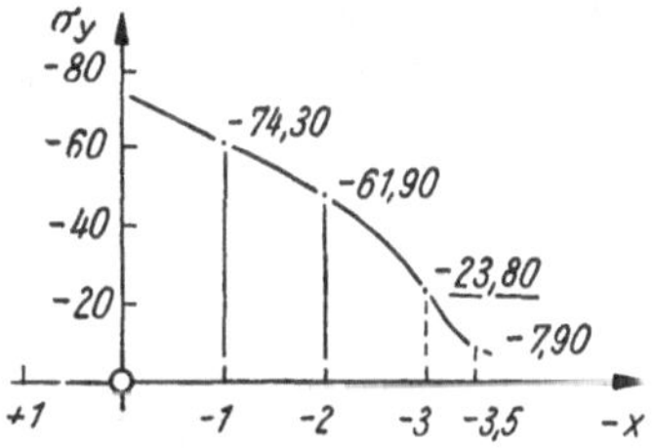

Abb. 8

2.4. Vergleich der theoretischen mit den experimentell gewonnenen Ergebnissen

Die aus den theoretischen Ansätzen und aus dem spannungsoptischen Versuch ermittelten Spannungswerte sind für die Schnitte $x = \pm 0$, $x = -1{,}0$, $x = -3{,}0$ in Abb. 9 a bis c aufgetragen. Die Abweichungen der beiden Ergebnisse sind gering, lediglich bei σ_x sind die Differenzen im Bereich $+5{,}0 \leqq y \leqq +\,8{,}0$ etwas größer. Die Ursache ist darin zu suchen, daß in diesem Bereich eine

Tabelle 3

y	$x = +1{,}0$ φ	δ	τ_{xy}	$x = \pm 0$ φ	δ	τ_{xy}	$x = -1{,}0$ φ	δ	τ_{xy}
0	0	0	0	0	0	0	0	0	0
1,0	5	1,18	+3,30	14,0	1,03	+7,74	20,0	0,99	+10,20
2,0	−0,5	1,68	−0,47	10,3	1,49	+8,37	19,4	1,40	+14,05
3,0	−2,7	1,64	−2,47	8,0	1,61	+7,10	17,5	1,52	+13,95
4,0	−3,3	1,57	−2,89	6,3	1,54	+5,38	15,6	1,42	+11,79
5,0	−3,6	1,40	−2,81	5,3	1,38	+4,06	13,6	1,29	+ 9,40
6,0	−3,2	1,32	−2,35	4,4	1,30	+3,18	12,0	1,18	+ 7,68
8,0	−2,1	1,10	−1,28	3,4	1,10	+2,08	9,5	1,04	+ 5,42

Bestimmung der Isochromatenordnung auf $^1/_{10}$ genau auch bei Kompensation nicht mehr möglich ist, weil die Isochromaten schon zu weit auseinandergezogen sind. Multipliziert man diesen Wert $^1/_{10}$ mit dem Faktor $S/d = 32$, so ergibt sich bereits eine Spannungsdifferenz von ungefähr 3 kp/cm², was auch die Rechnung liefert (s. Tabelle 1 und 5).

Eine genaue Betrachtung der Abb. 7 zeigt, daß der Einfluß der trapezförmigen Last gegenüber einer Gleichlast nur in einem verhältnismäßig kleinen Bereich wirksam ist, etwa nur bis zu einer Tiefe y, die ungefähr gleich der Belastungsbreite $2\,a$ ist. Außerhalb eines Kreises, der durch die Punkte $(+3{,}0 + \Delta;\ 0)$, $(-3{,}0 + \Delta;\ 0)$, $(\pm 0 + \Delta;\ +6{,}0)$ gelegt wird, sind praktisch vernachlässigbar geringfügige Abweichungen im Verlauf der Isochromaten und Isoklinen infolge einer Gleichlast und einer trapezförmigen Last feststellbar, was mit dem Prinzip von ST. VENANT vereinbar ist. (Der Verlauf der Isochromaten und Isoklinen für Gleichlast wurde der Literatur [6], [13], [14] entnommen.) Die Größe Δ berücksichtigt die Verschiebung der Isokline mit dem Parameter 0° aus der Mittellage (Abb. 10).

Es kann festgestellt werden, daß die Isokline 0° nahezu genau auf der Vertikalen durch den Schwerpunkt der trapezförmigen Belastung liegt.

Ohne auf eine genaue quantitative Untersuchung, also auf eine Auswertung des spannungsoptischen Versuches einzugehen, ist man in jedem Falle in der

Tabelle 4

y	$x = \pm 0$ $\Delta\tau_{xy}$	$\Delta\tau_{xym}$	σ_y	$x = -1{,}0$ $\Delta\tau_{xy}$	$\Delta\tau_{xym}$	σ_y	$x = -3{,}0$ $\Delta\tau_{xy}$	$\Delta\tau_{xym}$	σ_y
0	0		−75,50	0		−63,00	0		(−37,7)
		2,60			2,20			−4,80	
1,0	6,90		−74,30	5,96		−61,90	−5,65		−23,80
		11,10			8,10			−5,60	
2,0	14,52		−68,75	9,59		−57,85	−4,73		−26,60
		16,10			10,40			−3,70	
3,0	16,42		−60,70	10,50		−52,65	−2,09		−28,45
		15,60			10,20			−0,90	
4,0	14,68		−52,90	9,92		−47,55	+0,50		−28,90
		13,30			9,60			+1,00	
5,0	12,21		−46,25	9,33		−42,75	+1,61		−28,40
		11,00			8,60			+1,90	
6,0	10,03		−40,75	8,10		−38,45	+2,24		−27,45
		7,70			6,60			+2,80	
8,0	6,70		−33,05	5,43		−31,85	+3,61		−24,65

Tabelle 3

$x = -2{,}0$			$x = -3{,}0$			$x = -4{,}0$		
φ	δ	τ_{xy}	φ	δ	τ_{xy}	φ	δ	τ_{xy}
0	0	0	0	0	0	90	0	0
29,0	1,01	+13,70	47,5	1,00	+15,94	67	0,70	+ 8,05
31,5	1,26	+17,96	42,0	1,16	+18,43	55	0,88	+13,23
27,0	1,36	+17,60	37,5	1,20	+18,54	47	0,97	+15,51
24,2	1,28	+15,30	33,5	1,12	+16,48	41	~1,00	+15,80
21,9	1,21	+13,39	29,0	1,10	+14,94	35	~1,00	+15,00
19,5	1,12	+11,28	26,5	1,06	+13,53	31	0,96	+13,52
14,0	1,01	+ 7,58	20,5	0,96	+10,08	24	0,92	+11,19

Lage, aus dem Bild der Isochromaten und Isoklinen, die unmittelbar aus dem Versuch gewonnen werden, eine Aussage über Störbereiche an Lasteinleitungsstellen zu machen und für eine eventuelle rechnerische Erfassung des Spannungszustandes außerhalb dieser Störbereiche vereinfachende Annahmen zu treffen oder auf bereits vorhandene Ergebnisse für bestimmte Grundfälle zurückzugreifen.

Tabelle 5

x	y	$\sigma_1 - \sigma_2$	$(\sigma_1 - \sigma_2)^2$	$2\,\tau_{xy}$	$4\,\tau_{xy}^2$	$(\sigma_1 - \sigma_2)^2 - 4\,\tau_{xy}^2$	$\sqrt{(\sigma_1 - \sigma_2)^2 - 4\tau_{xy}^2}$	σ_x
	0	0	0	0	0	0	0	−75,50
	1,0	33,0	1090	15,48	239	851	29,2	−44,90
	2,0	47,7	2279	16,74	280	1999	44,7	−24,00
±0	3,0	51,5	2658	14,20	202	2456	49,6	−11,35
	4,0	49,3	2427	10,76	116	2311	48,1	− 5,25
	5,0	44,1	1946	8,12	66	1880	43,4	− 3,30
	6,0	41,6	1730	6,36	40,5	1689,5	41,1	− 0,10
	8,0	35,2	1240	4,16	17,3	1222,7	35,0	+ 1,50
	0	0	0	0	0	0	0	−63,00
	1,0	31,7	1006	20,40	416	590	24,2	−37,70
	2,0	44,8	2006	28,10	790	1216	34,8	−23,05
−1,0	3,0	48,6	2361	27,90	779	1582	39,8	−12,85
	4,0	45,5	2070	23,58	554	1516	38,9	− 8,65
	5,0	41,3	1707	18,80	353	1354	36,8	− 5,90
	6,0	37,8	1430	15,36	236	1194	34,5	− 3,95
	8,0	33,3	1110	10,84	118	992	31,5	− 0,65
	0	0	0	0	0	0	0	(−37,7)
	1,0	32,0	1023	31,88	1018	5	−2,2	−26,0
	2,0	37,1	1378	36,86	1361	17	4,1	−22,5
−3,0	3,0	38,4	1474	37,08	1376	98	9,9	−18,6
	4,0	35,8	1282	32,96	1086	196	14,0	−14,9
	5,0	35,2	1240	29,88	894	346	18,6	− 9,8
	6,0	33,9	1150	27,06	734	416	20,4	− 7,1
	8,0	30,7	942	20,16	406	536	23,2	− 1,5

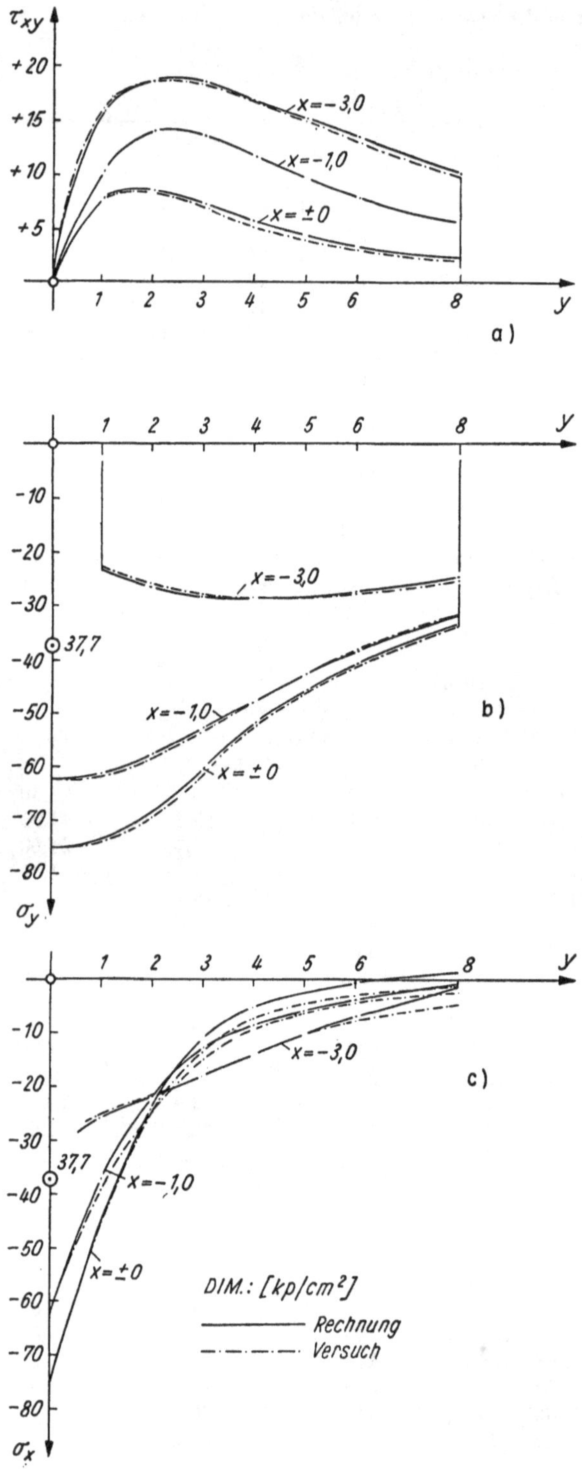
τxy
+20
+15
+10
+5
x=−3,0
x=−1,0
x=±0
1
2
3
4
5
6
8
y
a)
−10
−20
−30
37,7
−40
−50
−60
−70
−80
σy
b)
σx
c)
DIM.: [kp/cm²]
Rechnung
Versuch

Abb. 9

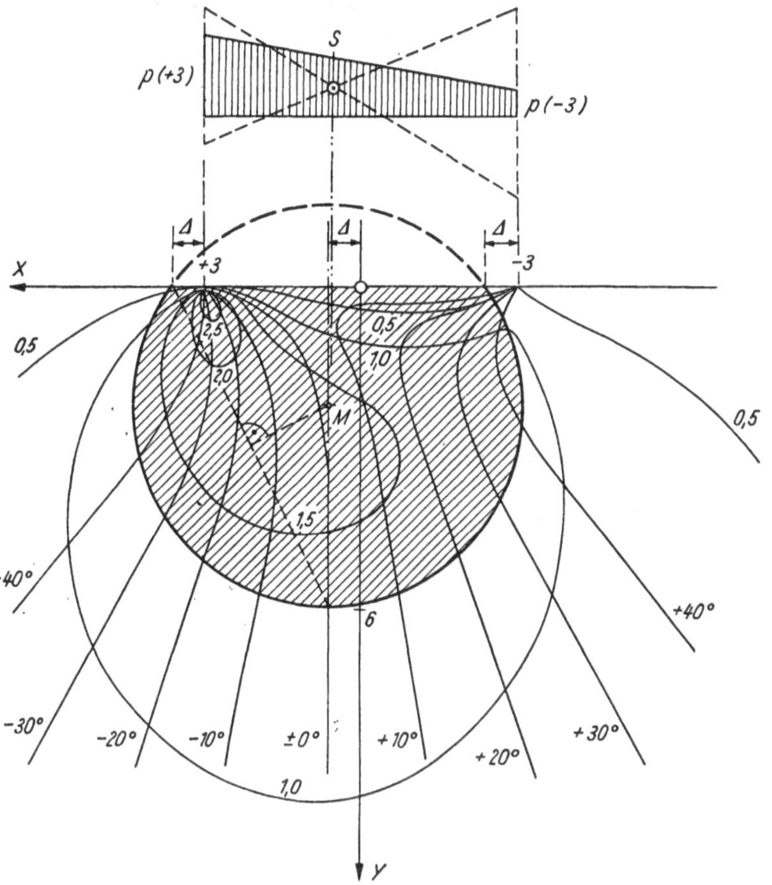

Abb. 10

3. Mittelbare Belastung der Halbebene

3.1. Ableitung der Ausdrücke für die Spannungen

3.1.1. Berechnung der Randdruckkräfte

Eine Halbebene sei an ihrem Rand $y = 0$ über einen starr gedachten Körper von der Breite $2\,a$ mit der mittigen Last P belastet (Abb. 11). Für diese Belastung soll der Spannungszustand in der Halbebene bestimmt werden unter der Voraussetzung, daß die Querdehnung ε_z der Scheibe nicht behindert ist. Die Reibungskräfte zwischen dem Druckkörper und der Halbebene sollen vernachlässigt werden. Die Dicke d der Scheibe sei gleich 1.

Durch den starren Körper wird die Last P längs der Strecke $2\,a$ in einer bestimmten Weise verteilt. Die Randdruckkräfte seien mit $p(\xi)$ bezeichnet. Diese rufen im Scheibenpunkt (x, y) Spannungen gemäß (2) hervor:

$$\sigma_x = -\frac{2}{\pi}\int\limits_{\xi=-a}^{\xi=+a} p(\xi)\,\frac{(x-\xi)^2\,y}{r^4}\,d\xi\,,$$

$$\sigma_y = -\frac{2}{\pi}\int\limits_{\xi=-a}^{\xi=+a} p(\xi)\,\frac{y^3}{r^4}\,d\xi\,,$$

$$\tau_{xy} = -\frac{2}{\pi}\int\limits_{\xi=-a}^{\xi=+a} p(\xi)\,\frac{(x-\xi)\,y^2}{r^4}\,d\xi\,.$$

Die Randbedingungen lauten für $y = 0$:

$$\sigma_y = -\,p(\xi)\,,\qquad \tau_{xy} = 0 \quad \text{für} \quad -a \leqq \xi \leqq +a\,,$$

$$\sigma_y = 0\,,\qquad \tau_{xy} = 0 \quad \text{für} \quad -a \geqq \xi \geqq +a\,.$$

Da der Druckkörper voraussetzungsgemäß starr sein soll, müssen alle Randpunkte im Bereich $-a \leqq \xi \leqq +a$ die gleiche Verschiebung v in Richtung der y-Achse erfahren.

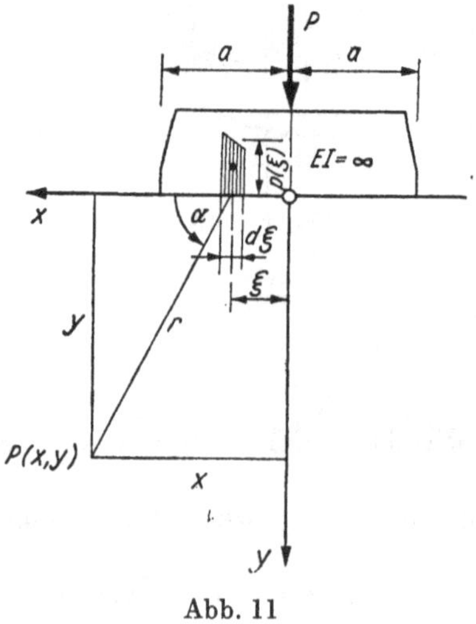

Abb. 11

Die weiteren Ableitungen führen auf eine Integralgleichung

$$\int\limits_{\xi=-a}^{\xi=+a} p(\xi)\,\ln\frac{x-\xi}{c}\,d\xi = \text{const}\,,$$

deren Lösung nach [15] bzw. [16] und [17] lautet:

$$p(x) = \frac{1}{\pi \sqrt{a^2 - x^2}} \int\limits_{\xi=-a}^{\xi=+a} p(\xi)\, d\xi = \frac{P}{\pi \sqrt{a^2 - x^2}} . \tag{3}$$

Damit ist die Lastverteilung längs des Randes $y = 0$ der Halbebene infolge mittelbarer Belastung über einen starren Körper gegeben.

Es soll nochmals auf die Tatsache hingewiesen werden, daß sich in den Punkten $x = \pm a$ nach der obigen Formel unendlich große Randdruckkräfte ergeben.

3.1.2. Berechnung der Spannungen in der Halbebene

Die Spannungen infolge der Randlast betragen gemäß (2) und (3)

$$\left.\begin{aligned} \sigma_x &= -\frac{2P}{\pi^2} \int\limits_{\xi=-a}^{\xi=+a} \frac{1}{\sqrt{a^2-\xi^2}} \frac{(x-\xi)^2 y}{[(x-\xi)^2+y^2]^2}\, d\xi , \\ \sigma_y &= -\frac{2P}{\pi^2} \int\limits_{\xi=-a}^{\xi=+a} \frac{1}{\sqrt{a^2-\xi^2}} \frac{y^3}{[(x-\xi)^2+y^2]^2}\, d\xi , \\ \tau_{xy} &= -\frac{2P}{\pi^2} \int\limits_{\xi=-a}^{\xi=+a} \frac{1}{\sqrt{a^2-\xi^2}} \frac{(x-\xi)\, y^2}{[(x-\xi)^2+y^2]^2}\, d\xi . \end{aligned}\right\} \tag{4}$$

bzw. mit den geometrischen Beziehungen (Abb. 11)

$$\frac{x-\xi}{r} = \cos\alpha , \quad \frac{y}{r} = \sin\alpha , \quad \xi = -y\cot\alpha + x , \quad d\xi = \frac{r}{\sin\alpha}\, d\alpha$$

$$\left.\begin{aligned} \sigma_x &= -\frac{2P}{\pi^2} \int\limits_{\alpha_1}^{\alpha_2} \frac{1}{\sqrt{a^2-(-y\cot\alpha+x)^2}} \cos^2\alpha\, d\alpha , \\ \sigma_y &= -\frac{2P}{\pi^2} \int\limits_{\alpha_1}^{\alpha_2} \frac{1}{\sqrt{a^2-(-y\cot\alpha+x)^2}} \sin^2\alpha\, d\alpha , \\ \tau_{xy} &= -\frac{2P}{\pi^2} \int\limits_{\alpha_1}^{\alpha_2} \frac{1}{\sqrt{a^2-(-y\cot\alpha+x)^2}} \sin\alpha\cos\alpha\, d\alpha . \end{aligned}\right\} \tag{5}$$

Aus der Substitution

$$t = \tan\alpha , \qquad \sin\alpha = \frac{t}{\sqrt{1+t^2}} , \qquad \cos\alpha = \frac{1}{\sqrt{1+t^2}} , \qquad d\alpha = \frac{1}{1+t^2}\, dt$$

folgt unter Berücksichtigung der Abkürzungen

$$(a^2 - x^2) = A\,, \quad x\,y = B\,, \quad -y^2 = C:$$

$$\left.\begin{aligned}\sigma_x &= -\frac{2P}{\pi^2}\int\frac{t}{(1+t^2)^2\sqrt{A\,t^2+2\,B\,t+C}}\,dt\,,\\ \sigma_y &= -\frac{2P}{\pi^2}\int\frac{t^3}{(1+t^2)^2\sqrt{A\,t^2+2\,B\,t+C}}\,dt\,,\\ \tau_{xy} &= -\frac{2P}{\pi^2}\int\frac{t^2}{(1+t^2)^2\sqrt{A\,t^2+2\,B\,t+C}}\,dt\,.\end{aligned}\right\}\qquad(6)$$

Die Integrationsgrenzen wurden nicht mit substituiert, weil nach Lösung der Integrale die ursprünglichen Veränderlichen wieder eingeführt werden.

3.1.3. Auflösung der Integrale

Die vorliegenden Integrale stellen ABELsche Integrale der Kegelschnitte dar

$$I = \int R(x, y)\,dx = \int R\,(x, \sqrt{a\,x^2 + 2\,b\,x + c})\,dx \qquad (7)$$

unter der Voraussetzung, daß es sich um nicht zerfallende Kegelschnitte

$$y^2 = a\,x^2 + 2\,b\,x + c\,, \quad b^2 - a\,c \neq 0$$

handelt.

Nach [18] hat „jede rationale Funktion $R(x, y)$ von x und y – weil nämlich y^2 schon wieder ein Polynom in x ist – notwendig die Gestalt

$$R(x, y) = \frac{Z_1(x) + Z_2(x)\cdot y}{N(x)} = \frac{Z_1(x)}{N(x)} + \frac{Z_2(x)}{N(x)}\sqrt{a\,x^2 + 2\,b\,x + c}\,.\text{“}$$

Jedes rationale Integral des Kegelschnittes y^2 kann damit in die Form gebracht werden

$$I = \int R(x, y)\,dx = \underbrace{\int\frac{Z_1(x)}{N(x)}\,dx}_{I_1} + \underbrace{\int\frac{Z_2(x)}{N(x)}\sqrt{a\,x^2 + 2\,b\,x + c}\,dx}_{I_2}\,.$$

Das erste Integral ist ein rationales Integral, das zweite nimmt mit

$$R(x) = Z_2(x)\,(a\,x^2 + 2\,b\,x + c)$$

die Form an

$$I_2 = \int\frac{R(x)}{N(x)}\,\frac{dx}{\sqrt{a\,x^2 + 2\,b\,x + c}}\,.$$

Ist nun $\frac{R(x)}{N(x)} = S(x) + \frac{T(x)}{N(x)}$, also gleich einem ganzen rationalen Anteil $S(x)$ und einem echt gebrochenen Anteil $\frac{T(x)}{N(x)}$, so lautet I_2:

$$I_2 = \underbrace{\int\frac{S(x)}{\sqrt{a\,x^2 + 2\,b\,x + c}}\,dx}_{I_3} + \underbrace{\int\frac{T(x)}{N(x)}\,\frac{dx}{\sqrt{a\,x^2 + 2\,b\,x + c}}}_{I_4}\,.$$

Die in den Ausdrücken für die Spannungen (6) vorkommenden Integrale stellen, wenn statt x die Veränderliche t eingesetzt wird und statt a, b, c die Buchstaben A, B, C geschrieben werden, Integrale von der Form I_4 dar, denn es sind $\frac{t}{(1+t^2)^2}, \frac{t^2}{(1+t^2)^2}, \frac{t^3}{(1+t^2)^2}$ bereits echt gebrochene rationale Funktionen $\frac{T(t)}{N(t)}$, wobei die Ordnung von $T(t)$ mindestens um 1 kleiner ist als die von $N(t)$.

Die Lösungen dieser Integrale I_4 in der Reihenfolge der Gleichungen (6) lauten [19]:

$$I_4 = \frac{1}{(A-C)^2 + 4B^2} \left\{ \frac{\frac{1}{2}(A-C) + B\tan\alpha}{1+\tan^2\alpha} \sqrt{A\tan^2\alpha + 2B\tan\alpha + C} + \frac{\beta_1 - \beta_2}{\mathfrak{C}\sqrt{\mathfrak{D}}}(\mathfrak{A}\,\overline{I}_6 + \mathfrak{B}\,\overline{I}_7) \right\}. \tag{8}$$

$$I_4 = \frac{1}{(A-C)^2 + 4B^2} \left\{ \frac{-\frac{1}{2}(A-C) - B\tan\alpha}{1+\tan^2\alpha} \sqrt{A\tan^2\alpha + 2B\tan\alpha + C} + \frac{\beta_1 - \beta_2}{\mathfrak{C}\sqrt{\mathfrak{D}}}(\mathfrak{A}\,\overline{I}_6 + \mathfrak{B}\,\overline{I}_7) \right\}. \tag{9}$$

$$I_4 = \frac{1}{(A-C)^2 + 4B^2} \left\{ \frac{-B + \frac{1}{2}(A-C)\tan\alpha}{1+\tan^2\alpha} \sqrt{A\tan^2\alpha + 2B\tan\alpha + C} + \frac{\beta_1 - \beta_2}{\mathfrak{C}\sqrt{\mathfrak{D}}}(\mathfrak{A}\,\overline{I}_6 + \mathfrak{B}\,\overline{I}_7) \right\}. \tag{10}$$

Darin haben die Integrale $\overline{I}_6$ und $\overline{I}_7$ die folgenden Bedeutungen:

$$\frac{\mathfrak{C}}{\mathfrak{D}} = +s^2: \quad \overline{I}_6^* = \frac{1}{\sqrt{r^2 - s^2}} \operatorname{arc\,tan} \frac{\sqrt{\left(\frac{\tan\alpha - \beta_2}{\tan\alpha - \beta_1}\right)^2 + s^2}}{\sqrt{r^2 - s^2}}, \quad r^2 > s^2;$$

$$\overline{I}_6^* = \frac{1}{2\sqrt{s^2 - r^2}} \ln \frac{\sqrt{\left(\frac{\tan\alpha - \beta_2}{\tan\alpha - \beta_1}\right)^2 + s^2} - \sqrt{s^2 - r^2}}{\sqrt{\left(\frac{\tan\alpha - \beta_2}{\tan\alpha - \beta_1}\right)^2 + s^2} + \sqrt{s^2 - r^2}}, \quad r^2 < s^2;$$

$$\frac{\mathfrak{C}}{\mathfrak{D}} = -s^2: \quad \overline{I}_6^{**} = \frac{1}{\sqrt{r^2 + s^2}} \operatorname{arc\,tan} \frac{\sqrt{\left(\frac{\tan\alpha - \beta_2}{\tan\alpha - \beta_1}\right)^2 - s^2}}{\sqrt{r^2 + s^2}}.$$

$\frac{\mathfrak{E}}{\mathfrak{D}} = + s^2$:

$$\overline{I}_7^* = \frac{1}{2\, r \sqrt{r^2 - s^2}} \ln \frac{-\frac{\tan\alpha - \beta_2}{\tan\alpha - \beta_1}\sqrt{r^2 - s^2} + \sqrt{\left(\frac{\tan\alpha - \beta_2}{\tan\alpha - \beta_1}\right)^2 + s^2}}{-\frac{\tan\alpha - \beta_2}{\tan\alpha - \beta_1}\sqrt{r^2 - s^2} - \sqrt{\left(\frac{\tan\alpha - \beta_2}{\tan\alpha - \beta_1}\right)^2 + s^2}}, \quad r^2 > s^2 ;$$

$$\overline{I}_7^* = \frac{1}{r \sqrt{s^2 - r^2}} \operatorname{arc\,tan} \frac{-\frac{\tan\alpha - \beta_2}{\tan\alpha - \beta_1}\sqrt{s^2 - r^2}}{r\sqrt{\left(\frac{\tan\alpha - \beta_2}{\tan\alpha - \beta_1}\right)^2 + s^2}}, \quad r^2 < s^2 ;$$

$\frac{\mathfrak{E}}{\mathfrak{D}} = - s^2$:

$$\overline{I}_7^{**} = \frac{1}{2\, r \sqrt{s^2 + r^2}} \ln \frac{r\sqrt{\left(\frac{\tan\alpha - \beta_2}{\tan\alpha - \beta_1}\right)^2 - s^2} - \frac{\tan\alpha - \beta_2}{\tan\alpha - \beta_1}\sqrt{s^2 + r^2}}{r\sqrt{\left(\frac{\tan\alpha - \beta_2}{\tan\alpha - \beta_1}\right)^2 - s^2} + \frac{\tan\alpha - \beta_2}{\tan\alpha - \beta_1}\sqrt{s^2 + r^2}}.$$

Erläuterung der verwendeten Abkürzungen:

$$\beta_{1,2} = \frac{A - C}{2\,B} \pm \frac{1}{2\,B}\sqrt{(A - C)^2 + 4\,B^2},$$

$$\left.\begin{aligned} \mathfrak{A} &= \left[\frac{1}{2}\,A\,(A - C) + B^2\right]\beta_1 - \frac{1}{2}(A + C)\,B, \\ \mathfrak{B} &= \left[\frac{1}{2}\,A\,(A - C) + B^2\right]\beta_2 - \frac{1}{2}(A + C)\,B; \end{aligned}\right\} \text{für } \sigma_x$$

$$\left.\begin{aligned} \mathfrak{A} &= \left[\left(\frac{1}{2}\,A - C\right)(A - C) + 3\,B^2\right]\beta_1 + \frac{1}{2}(A + C)\,B, \\ \mathfrak{B} &= \left[\left(\frac{1}{2}\,A - C\right)(A - C) + 3\,B^2\right]\beta_2 + \frac{1}{2}(A + C)\,B; \end{aligned}\right\} \text{für } \sigma_y$$

$$\left.\begin{aligned} \mathfrak{A} &= \left[-\frac{1}{2}(A + C)\,B\right]\beta_1 + \left[B^2 - \frac{1}{2}(A - C)\,C\right], \\ \mathfrak{B} &= \left[-\frac{1}{2}(A + C)\,B\right]\beta_2 + \left[B^2 - \frac{1}{2}(A - C)\,C\right]; \end{aligned}\right\} \text{für } \tau_{xy}.$$

$$\mathfrak{C} = \beta_1^2 + 1,$$

$$\mathfrak{D} = A\,\beta_1^2 + 2\,B\,\beta_1 + C,$$

$$\mathfrak{E} = A\,\beta_2^2 + 2\,B\,\beta_2 + C,$$

$$r = \frac{\beta_2^2 + 1}{\beta_1^2 + 1}.$$

Die Auswertung der Gleichungen (8) bis (10) liefert unter Beachtung der Integrationsgrenzen α_1 und α_2 sowie bei Berücksichtigung des Faktors $-\,2\,P/\pi^2$ die Spannungen σ_x, σ_y, τ_{xy} in der Halbebene für mittelbare Belastung durch P.

Aus den geometrischen Zusammenhängen (Abb. 12) ergibt sich für die Integrationsgrenzen α_1 und α_2

$$\tan\alpha_1 = \frac{y}{a+x}\,, \qquad \tan\alpha_2 = \frac{-y}{a-x}\,.$$

Zunächst werden diese Werte in den Wurzelausdruck, der in den Lösungen der Integrale I_4 vorkommt, eingesetzt.

$$\begin{aligned}\sqrt{A\tan^2\alpha_2 + 2B\tan\alpha_2 + C} &= \sqrt{(a^2-x^2)\frac{y^2}{(a-x)^2} - 2xy\frac{y}{a-x} - y^2}\,,\\ &= \frac{y}{a-x}\sqrt{a^2-x^2-2x(a-x)-(a-x)^2}\,,\\ &= \frac{y}{a-x}\sqrt{0} = 0\,;\\ \sqrt{A\tan^2\alpha_1 + 2B\tan\alpha_1 + C} &= \sqrt{(a^2-x^2)\frac{y^2}{(a+x)^2} + 2xy\frac{y}{a+x} - y^2}\,,\\ &= \frac{y}{a+x}\sqrt{a^2-x^2+2x(a+x)-(a+x)^2}\,,\\ &= \frac{y}{a+x}\sqrt{0} = 0\,.\end{aligned}$$

Die Ausdrücke (8), (9) und (10) nehmen damit die Form an

$$I_4 = \frac{1}{(A-C)^2+4B^2}\,\frac{\beta_1-\beta_2}{\mathfrak{C}\sqrt{\mathfrak{D}}}\,(\mathfrak{A}\,\overline{I}_6 + \mathfrak{B}\,\overline{I}_7)\,; \tag{11}$$

für $\mathfrak{A}$ und $\mathfrak{B}$ ist hierbei jeweils der Wert einzusetzen, der zu der zu berechnenden Spannung gehört.

In den Lösungen der Integrale $\overline{I}_6$ und $\overline{I}_7$ kommt der Wurzelausdruck

$$\sqrt{\left(\frac{\tan\alpha-\beta_2}{\tan\alpha-\beta_1}\right)^2 \pm s^2}$$

vor. Hierbei ist $s^2 = \mathfrak{E}/\mathfrak{D}$ stets mit dem Absolutwert einzusetzen. Es wird daher nur der Radikand mit positivem Vorzeichen von s^2 untersucht. Dieser lautet für die untere Integrationsgrenze

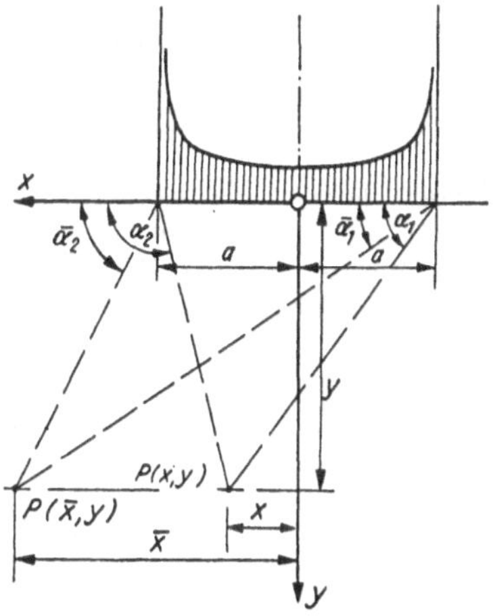

Abb. 12

$$\begin{aligned}\frac{(\tan\alpha_1-\beta_2)^2}{(\tan\alpha_1-\beta_1)^2} + s^2 &= \frac{\left(\dfrac{y}{a+x}-\beta_2\right)^2}{\left(\dfrac{y}{a+x}-\beta_1\right)^2} + \frac{A\beta_2^2+2B\beta_2+C}{A\beta_1^2+2B\beta_1+C}\,,\\ &= \frac{y^2-2(a+x)y\beta_2+(a+x)^2\beta_2^2}{y^2-2(a+x)y\beta_1+(a+x)^2\beta_1^2} + \frac{A\beta_2^2+2B\beta_2+C}{A\beta_1^2+2B\beta_1+C}\,.\end{aligned}$$

Dieser Ausdruck wird auf einen gemeinsamen Nenner gebracht. Der Zähler lautet dann:

$$Z = y^2 (A \beta_1^2 + 2 B \beta_1 + C) - 2 (a + x) y \beta_2 (A \beta_1^2 + 2 B \beta_1 + C) + (a + x)^2 \beta_2^2 (A \beta_1^2 + 2 B \beta_1 + C) + y^2 (A \beta_2^2 + 2 B \beta_2 + C) - 2 (a + x) y \beta_1 (A \beta_2^2 + 2 B \beta_2 + C) + (a + x)^2 \beta_1^2 (A \beta_2^2 + 2 B \beta_2 + C) .$$

Eine Umordnung liefert

$$Z = y^2 A (\beta_1^2 + \beta_2^2) + y^2 2 B (\beta_1 + \beta_2) + 2 y^2 C - 2 (a + x) y A (\beta_1 + \beta_2) \beta_1 \beta_2 - 8 (a + x) B y \beta_1 \beta_2 - 2 (a + x) y C (\beta_1 + \beta_2) + 2 (a + x)^2 A \beta_1^2 \beta_2^2 + 2 (a + x)^2 B (\beta_1 + \beta_2) \beta_1 \beta_2 + (a + x)^2 C (\beta_1^2 + \beta_2^2) .$$

Es ist nun $\beta_1 + \beta_2 = \frac{A - C}{B}$ und $\beta_1 \beta_2 = -1$ einzusetzen. Wird weiterhin berücksichtigt, daß

$$\beta_1^2 + \beta_2^2 = \frac{(A - C)^2}{B^2} + 2$$

ist, so ergibt sich

$$Z = [(A - C)^2 + 4 B^2] \left\{ \frac{C}{B^2} [- A + (a + x)^2] + 2 (a + x) \frac{y}{B} \right\} .$$

Der in $\{ \cdots \}$ stehende Ausdruck lautet nach Einsetzen von A, B und C

$$\{ \cdots \} = - \frac{y^2}{x^2 y^2} [- a^2 + x^2 + a^2 + 2 a x + x^2] + 2 (a + x) \frac{y}{x y} ,$$
$$= - 1 - 2 \frac{a}{x} - 1 + 2 \frac{a}{x} + 2 = 0 .$$

Mithin ist der Zähler Z und damit auch der Wurzelausdruck gleich Null.

Für die obere Integrationsgrenze α_2 wird der gleiche Nachweis geführt. Auch hierfür ergibt sich, daß der Wurzelausdruck gleich Null wird.

Unter Beachtung der Werte für die arc tan-Funktion und die ln-Funktion — bei letzterer ist die Rechenregel $\ln a - \ln b = \ln \frac{a}{b}$ zu berücksichtigen — nehmen die Integrale $\overline{I}_6$ und $\overline{I}_7$ in den vorgegebenen Grenzen folgende Werte an:

$$\left. \begin{aligned} \overline{I}_6^* &= \frac{\pi}{\sqrt{r^2 - s^2}} , \quad r^2 > s^2 \\ \overline{I}_6^* &= 0 , \quad r^2 < s^2 \end{aligned} \right\} \frac{\mathfrak{E}}{\mathfrak{D}} = + s^2 ;$$

$$\overline{I}_6^{**} = \frac{\pi}{\sqrt{r^2 + s^2}} , \qquad \frac{\mathfrak{E}}{\mathfrak{D}} = - s^2 .$$

$$\left. \begin{aligned} \overline{I}_7^* &= 0 , \quad r^2 > s^2 \\ \overline{I}_7^* &= \frac{\pi}{r \sqrt{s^2 - r^2}} , \quad r^2 < s^2 \end{aligned} \right\} \frac{\mathfrak{E}}{\mathfrak{D}} = + s^2 ;$$

$$\overline{I}_7^{**} = 0 , \qquad \frac{\mathfrak{E}}{\mathfrak{D}} = - s^2 .$$

Damit kann nunmehr der Verlauf der Spannungen in der Halbebene infolge einer mittelbaren Randbelastung berechnet werden.

3.2. Zahlenbeispiel

Für $a = 2$ cm und eine Last $P = 400$ kp werden im Schnitt $x = +\,1{,}0$ cm die Spannungen σ_x, σ_y und τ_{xy} in einer Reihe von Punkten ermittelt.

Nach Berechnung der Grundwerte zeigt sich, daß für den untersuchten Schnitt x der Quotient $\mathfrak{C}/\mathfrak{D}$ stets negativ wird. Folglich müssen in (11) die Lösungen $\overline{I}_6^{**}$ und $\overline{I}_7^{**}$ eingesetzt werden. Die Ausdrücke für die Spannungen lauten damit

$$\sigma_x, \sigma_y, \tau_{xy} = -\frac{2\,P}{\pi}\frac{1}{(A-C)^2+4\,B^2}\frac{\beta_1-\beta_2}{\mathfrak{C}\sqrt{\mathfrak{D}}}\frac{\mathfrak{A}}{\sqrt{r^2+s^2}}\,. \tag{12}$$

Dabei ist einzusetzen

für σ_x:

$$\mathfrak{A} = A_2\,\beta_1 + A_1\,,$$

$$A_2 = \frac{1}{2}A\,(A-C) + B^2\,,$$

$$A_1 = -\frac{1}{2}(A+C)\,B;$$

für σ_y:

$$\mathfrak{A} = A_2\,\beta_1 + A_1\,,$$

$$A_2 = \left(\frac{1}{2}A - C\right)(A-C) + 3\,B^2\,,$$

$$A_1 = \frac{1}{2}(A+C)\,B;$$

für τ_{xy}:

$$\mathfrak{A} = A_2\,\beta_1 + A_1\,,$$

$$A_2 = -\frac{1}{2}B\,(A+C)\,,$$

$$A_1 = B^2 - \frac{1}{2}(A-C)\,C\,.$$

Die Auswertung dieser Ausdrücke erfolgt in Tabelle 6, wobei noch folgende Abkürzungen eingeführt werden:

$$K = -\frac{Z}{N} = -\frac{2\,P}{\pi}\frac{1}{(A-C)^2+4\,B^2}\frac{\beta_1-\beta_2}{\mathfrak{C}\sqrt{\mathfrak{D}}}\frac{1}{\sqrt{r^2+s^2}}\,.$$

Tabelle 6

y	0,5	1,0	2,0	3,0
$A = a^2 - x^2$	3	3	3	3
$B = x\,y$	0,5	1	2	3
$C = -y^2$	−0,25	−1	−4	−9
β_1	+6,650	+4,235	+3,765	+4,235
β_2	−0,150	−0,235	−0,265	−0,235
$\mathfrak{C} = \beta_1^2 + 1$	+45,22	+18,95	+15,18	+18,95
r^2	0,0226	0,0558	0,0708	0,0558
$\mathfrak{D}/\sqrt{\mathfrak{D}}$	139,07/11,8	61,33/7,84	53,60/7,32	70,26/8,39
$\mathfrak{E}$	−0,3325	−1,307	−4,851	−10,237
s^2	(−)0,0024	(−)0,0213	(−)0,0905	(−)0,141
$(A - C)^2 + 4\,B^2$	11,5625	20	65	180
$\beta_1 - \beta_2$	6,80	4,570	4,030	4,470
$r^2 + s^2$	0,0250	0,0771	0,1613	0,1968
$\sqrt{r^2 + s^2}$	0,1581	0,2777	0,4016	0,4436
Z	1731,602	1163,738	1026,229	1138,273
N	975,43	825,15	2900,61	12695,07
K	−1,7752	−1,4103	−0,3538	−0,08966
A_1	−0,6875	−1	1	9
A_2	5,125	7	14,5	27
$\mathfrak{A}$	33,394	28,645	55,593	123,345
σ_x	−59,28	−40,40	−19,67	−11,06
A_1	0,6875	1	−1	−9
A_2	6,4375	13	50,5	153
$\mathfrak{A}$	43,504	56,055	189,133	638,955
σ_y	−77,23	−79,05	−66,92	−57,29
A_1	−0,1563	3	18	63
A_2	−0,6875	−1	1	9
$\mathfrak{A}$	−4,728	−1,24	21,765	101,115
τ_{xy}	+8,39	+1,75	−7,70	−9,07

Die Ergebnisse sind in Abb. 16 zum Vergleich mit den experimentell gewonnenen Werten graphisch dargestellt.

3.3. Näherungslösung

Eine weitere Möglichkeit zur Ermittlung der Spannungen in der Halbebene infolge einer mittelbaren Belastung mit P ist durch numerische Integration gegeben, die sich gut zur Programmierung für elektronische Rechenanlagen eignet. Durch genügend feine Intervallteilung läßt sich dabei eine große Genauigkeit der Ergebnisse erzielen.

Tabelle 6

4,0	5,0	6,0	7,0	8,0
3	3	3	3	3
4	5	6	7	8
−16	−25	−36	−49	−64
+4,953	+5,774	+6,651	+7,561	+8,493
−0,203	−0,174	−0,151	−0,132	−0,118
+25,53	+34,34	+45,24	+58,17	+73,13
0,0408	0,0300	0,0226	0,0175	0,0139
97,20/9,85	132,76/11,53	176,52/13,29	228,35/15,11	288,28/16,98
−17,01	−26,49	−37,74	−50,80	−65,85
(−)0,175	(−)0,1995	(−)0,2138	(−)0,2225	(−)0,2284
425	884	1665	2900	4745
5,156	5,948	6,802	7,693	8,611
0,2158	0,2295	0,2364	0,2400	0,2423
0,4645	0,4790	0,4862	0,4900	0,4923
1312,961	1514,642	1732,111	1959,002	2192,768
49642,28	167652,25	486713,43	1248985,99	2900676,40
−0,02645	−0,009034	−0,003559	−0,001568	−0,000756
26	55	99	161	244
44,5	67	94,5	127	164,5
246,408	441,858	727,520	1121,247	1641,099
−6,52	−3,99	−2,59	−1,76	−1,24
−26	−55	−99	−161	−244
380,5	817	1570,5	2773	4580,5
1858,617	4662,358	10346,40	20805,65	38658,19
−49,16	−42,12	−36,82	−32,62	−29,22
168	375	738	1323	2208
26	55	99	161	244
296,765	692,63	1396,45	2540,29	4280,29
−7,85	−6,26	−4,97	−3,98	−3,24

Der Auswertung werden die Ausdrücke (4) zugrunde gelegt, die für die Intervallteilung $\Delta\xi$ lauten:

$$\left.\begin{aligned}
\sigma_x &= -\frac{2P}{\pi^2}\Delta\xi \sum \frac{1}{\sqrt{a^2-\xi^2}}\,\frac{(x-\xi)^2\,y}{[(x-\xi)^2+y^2]^2}\,,\\
\sigma_y &= -\frac{2P}{\pi^2}\Delta\xi \sum \frac{1}{\sqrt{a^2-\xi^2}}\,\frac{y^3}{[(x-\xi)^2+y^2]^2}\,,\\
\tau_{xy} &= -\frac{2P}{\pi^2}\Delta\xi \sum \frac{1}{\sqrt{a^2-\xi^2}}\,\frac{(x-\xi)\,y^2}{[(x-\xi)^2+y^2]^2}\,.
\end{aligned}\right\} \qquad (4\text{a})$$

Da für $\xi = +a$ und $\xi = -a$ die Randspannungen unendlich groß werden, wird der Flächeninhalt der äußeren Intervalle nur ungenau bestimmt und der Fehler bei der numerischen Integration wird sehr groß. Zur Verbesserung dieser Methode wird daher nur der Bereich $(a - \varepsilon) \geqq \xi \leqq |-(a-\varepsilon)|$ in Intervalle $\Delta\xi$ unterteilt und der Inhalt ΔP der Restflächen so bestimmt, daß vom Gesamtinhalt P der Inhalt $\overline{P}$ des Bereiches $(a - \varepsilon) \geqq \xi \leqq |-(a-\varepsilon)|$ abgezogen wird (Abb. 13):

$$\Delta P = \frac{1}{2}(P - \overline{P}) = \frac{1}{2}\left(P - \frac{P}{\pi}\int_{-(a-\varepsilon)}^{+(a-\varepsilon)} \frac{d\xi}{\sqrt{a^2 - \xi^2}}\right)$$

$$= \frac{P}{2\pi}\left(\pi - \operatorname{arc\,tan}\frac{\xi}{\sqrt{a^2-\xi^2}}\right)\Bigg|_{-(a-\varepsilon)}^{+(a-\varepsilon)} . \tag{13}$$

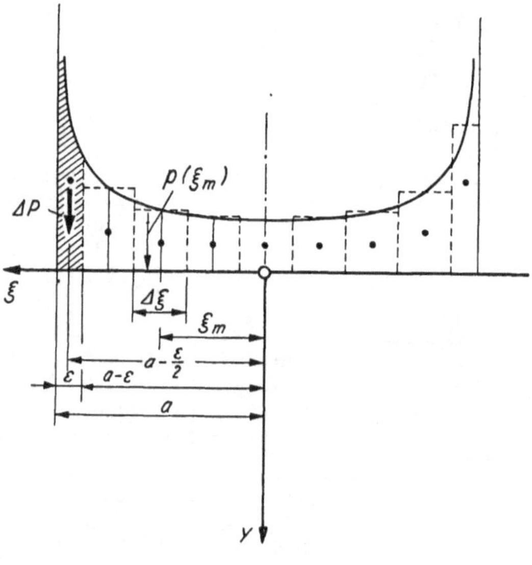

Abb. 13

Für $a = 2$ cm, $\varepsilon = 0{,}25$ cm ergibt sich

$$\overline{P} = \frac{P}{\pi}\int_{-1,75}^{+1,75}\frac{d\xi}{\sqrt{2^2-\xi^2}} = \frac{P}{\pi}\left(\operatorname{arc\,tan}\frac{\xi}{\sqrt{2^2-\xi^2}}\right)\Bigg|_{-1,75}^{+1,75} = \frac{2P}{\pi}\operatorname{arc\,tan} 1{,}8667 ,$$

$$\overline{P} = 2{,}15798\,\frac{P}{\pi} = 0{,}68691\,P$$

und ΔP beträgt

$$\Delta P = \frac{1}{2}\left(P - 2{,}15798\,\frac{P}{\pi}\right) = 0{,}49181\,\frac{P}{\pi} .$$

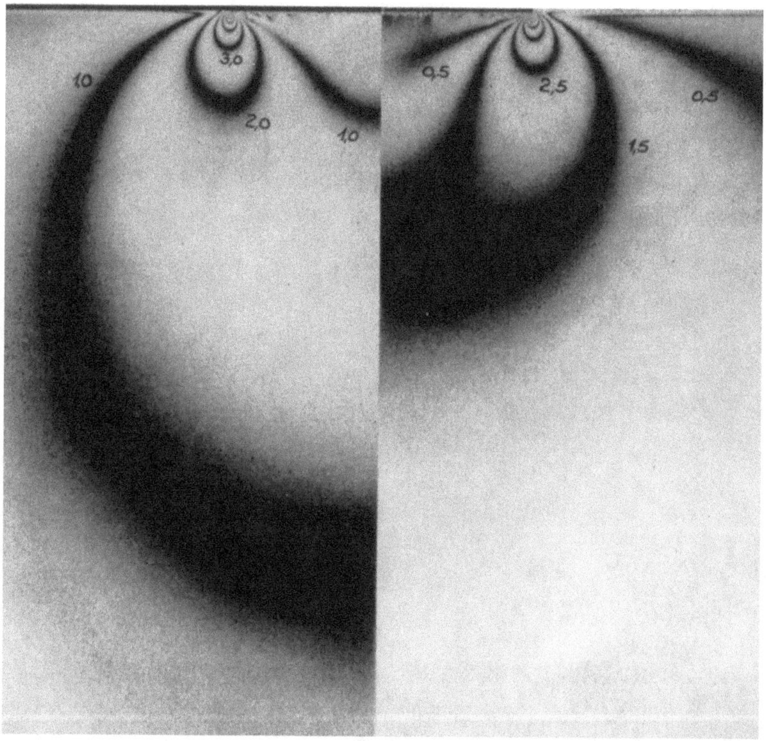

Abb. 14

Die numerische Integration der Lastfunktion $p(\xi)$ liefert für $\Delta\xi = 0{,}5$ cm nach Tabelle 7 den Wert

$$\bar{P} = 2{,}0996\,\frac{P}{\pi}\,,$$

was gegenüber dem genauen Ergebnis nur ein Fehler von 2,7% bei der sehr grob gewählten Intervallteilung ist.

Tabelle 7

ξ	0	0,50	1,00	1,50	Σ
ξ^2	0	0,25	1,00	2,25	
$a^2 - \xi^2$	4	3,75	3,00	1,75	
$\sqrt{a^2 - \xi^2}$	2	1,9365	1,7321	1,3229	
$1/\sqrt{a^2 - \xi^2}$	0,500	0,5164	0,5773	0,7559	2,0996

Zur Ermittlung der Spannungen wird im Bereich $(a - \varepsilon) \geqq \xi \leqq |-(a - \varepsilon)|$ numerisch integriert gemäß (4a); in den Restintervallen ε wird ΔP als Einzellast in Intervallmitte angesetzt.

Die Auswertung wurde für den Schnitt $x = +1{,}0$ durchgeführt und die errechneten Spannungswerte in Tabelle 8 zusammengestellt, wobei zum Vergleich die Ergebnisse aus der genauen Integration mit angegeben sind.

Tabelle 8

y		0,5	1,0	2,0	3,0	4,0	5,0	6,0
σ_x	Σ	−58,0	−38,8	−19,14	−10,58	− 6,21	− 4,0	− 2,48
	$\int$	−59,28	−40,40	−19,67	−11,06	− 6,52	− 3,99	− 2,59
σ_y	Σ	−79,55	−78,4	−66,7	−55,8	−48,0	−41,9	−36,3
	$\int$	−77,23	−79,05	−66,92	−57,29	−49,16	−42,12	−36,82
τ_{xy}	Σ	+ 7,36	+ 1,61	− 8,15	9,16	− 7,81	− 6,23	− 5,41
	$\int$	+ 8,39	+ 1,75	− 7,70	− 9,07	− 7,85	− 6,26	− 4,97

3.4. Spannungsoptischer Versuch

Für den Versuch wurde nach Temperung eine Platte aus VP 1527 benutzt. Über einen Block aus Silberstahl mit den Abmessungen $40 \cdot 20 \cdot 12\ \text{mm}^3$, der als hinreichend starr (Bedingung: $EI = \infty$) angesehen werden konnte, wurde eine Last $P = 400$ kp aufgebracht. Der Eichversuch ergab eine spannungsoptische Konstante $S = 31{,}4\,\frac{\text{kp}}{\text{cm} \cdot \text{Ordn.}}$. Abb. 14 (Tafel 13) zeigt die photographischen Aufnahmen der Isochromaten im zirkularen Dunkelfeld und im zirkularen Hellfeld.

In Abb. 15 sind die Isochromaten und die Isoklinen im Maßstab 1:1 aufgetragen, wie sie während des Versuches auf das Modell übertragen wurden.

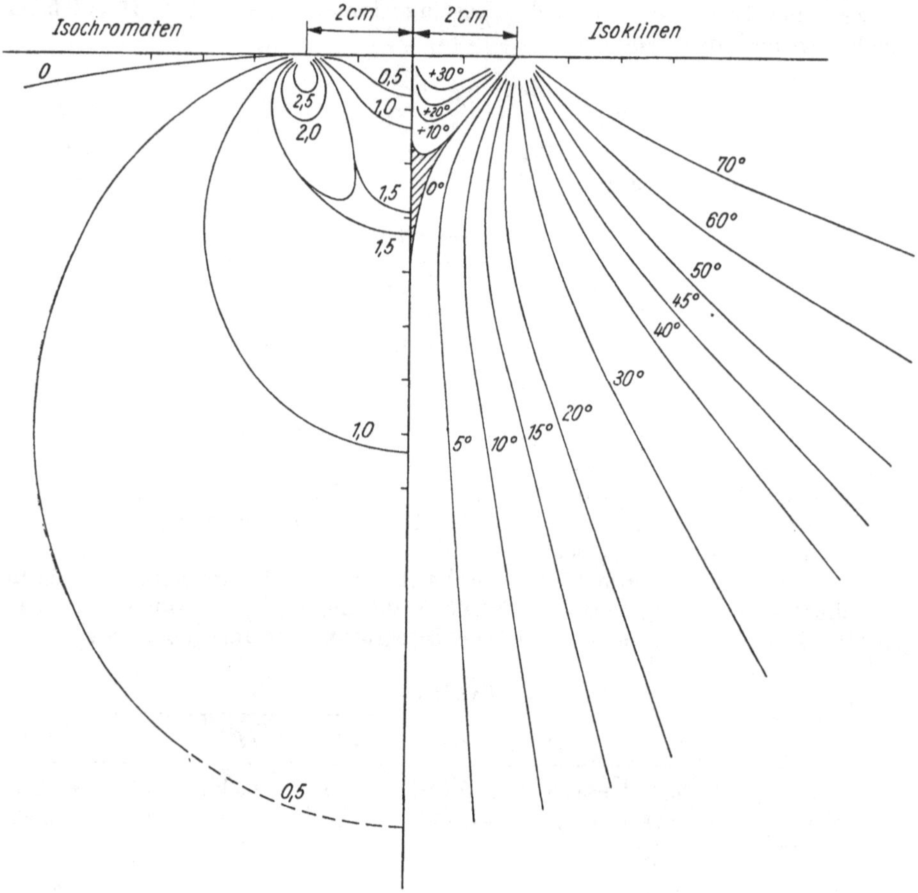

Abb. 15

Das Ergebnis der Auswertung nach dem Schubspannungsdifferenzverfahren von Frocht wird für den Schnitt $x = +1{,}0$ in Abb. 16 zusammen mit den rechnerisch ermittelten Ergebnissen aufgetragen. Bei der Auswertung wurde die Intervallteilung Δy im Bereich $0 \leqq y \leqq 1{,}0$ von $\Delta y = 1{,}0$ auf $\Delta y = 0{,}25$ herabgesetzt, um die starke Spannungsänderung in diesem Bereich besser erfassen zu können. Außerdem wurden für $(\sigma_y)_{y=0}$ und $(\sigma_x)_{y=0}$ die rechnerisch ermittelten Randwerte dieser Spannungen eingesetzt.

3.5. Vergleich der theoretischen mit den experimentell gewonnenen Ergebnissen

Aus Abb. 16 ist zu entnehmen, daß die Ergebnisse gut übereinstimmen. Größere Abweichungen treten bei σ_x und σ_y im Bereich $0 \leqq y \leqq 2{,}0$ auf. Diese Abweichungen werden bei σ_y durch die Intervallteilung für die Auswertung des Versuchs verursacht, weil hier bei der numerischen Integration von $\int \frac{\partial \tau_{xy}}{\partial x}\, dy$ wegen der dabei gebildeten Mittelwerte die rasche Änderung des Spannungszustandes nicht genau erfaßt werden kann. Demzufolge wird auch der Verlauf von σ_x in diesem Bereich beeinflußt, denn es ist σ_x durch folgende Formel mit σ_y verknüpft:

$$\sigma_x = \sigma_y \pm \sqrt{(\sigma_1 - \sigma_2)^2 - 4\,\tau_{xy}^2}\,.$$

Die geringfügigen Abweichungen ab $y = 6{,}0$ treten dadurch auf, daß die Isochromaten mit wachsendem y immer weiter auseinander gezogen werden und eine genauere Bestimmung als etwa auf 1/5 genau auch bei Kompensation nicht möglich ist.

Der Verlauf der Isochromaten und Isoklinen (Abb. 15) zeigt, wie auch bereits in Abschnitt 2 erwähnt, daß sich die Auswirkung der von einer Gleichlast abweichenden Randbelastung nur etwa bis in einen Bereich $y = 2\,a$ verfolgen läßt, darüber hinaus ergeben sich die gleichen Spannungen wie für eine Gleichlast.

Tabelle 10

x	+1,0	+1,0	+1,0	+1,0	+1,0
y	+4,0	+5,0	+6,0	+7,0	+8,0
$\bar{y}$	+4,6	+5,6	+6,6	+7,6	+8,6
$\bar{y}^2$	21,16	31,36	43,56	57,76	73,96
$\bar{y}^3$	97,336	175,616	287,496	438,976	636,056
$[x^2 + \bar{y}^2]^2$	491,066	1047,170	1985,594	3452,738	5619,002
σ_x Näherung	− 2,39	− 1,36	− 0,85	− 0,56	− 0,39
σ_x $\int$	− 6,52	− 3,99	− 2,59	− 1,76	− 1,24
σ_y Näherung	−50,47	−42,70	−36,87	−32,36	−28,83
σ_y $\int$	−49,16	−42,12	−36,82	−32,62	−29,22
τ_{xy} Näherung	−10,97	− 7,63	− 5,59	− 4,26	− 3,35
τ_{xy} $\int$	− 7,85	− 6,26	− 4,97	− 3,98	− 3,24

Der Spannungszustand kann sogar auf den einer Einzellast zurückgeführt werden, wenn der Rand der Halbebene und damit der Angriffspunkt der Einzellast gedanklich um $y = -\Delta$ entsprechend dem Koordinatenursprung eines neuen Koordinatensystems $x, \bar{y}$ verschoben wird (Abb. 17).

Die Spannungen errechnen sich nach [12] aus

$$\left.\begin{aligned} \sigma_x &= -\frac{2\,P}{\pi}\,\frac{x^2\,\bar{y}}{(x^2+\bar{y}^2)^2}\,,\\ \sigma_y &= -\frac{2\,P}{\pi}\,\frac{\bar{y}^3}{(x^2+\bar{y}^2)^2}\,,\\ \tau_{xy} &= -\frac{2\,P}{\pi}\,\frac{x\,\bar{y}^2}{(x^2+\bar{y}^2)^2}\,. \end{aligned}\right\} \qquad (14)$$

Die Rechnung wird in Tabelle 10 durchgeführt. Die entsprechenden Werte für mittelbare Belastung sind zum Vergleich in dieser Tabelle ebenfalls mit angegeben. Es wird dabei erkennbar, daß die Differenzen mit wachsendem y immer mehr verschwinden. Die größten Abweichungen werden bei σ_x auftreten. Für einen Schnitt $x = \pm 0$ müssen nach (14) alle Werte gleich Null sein, was bei mittelbarer Belastung nicht der Fall sein kann. Daher werden

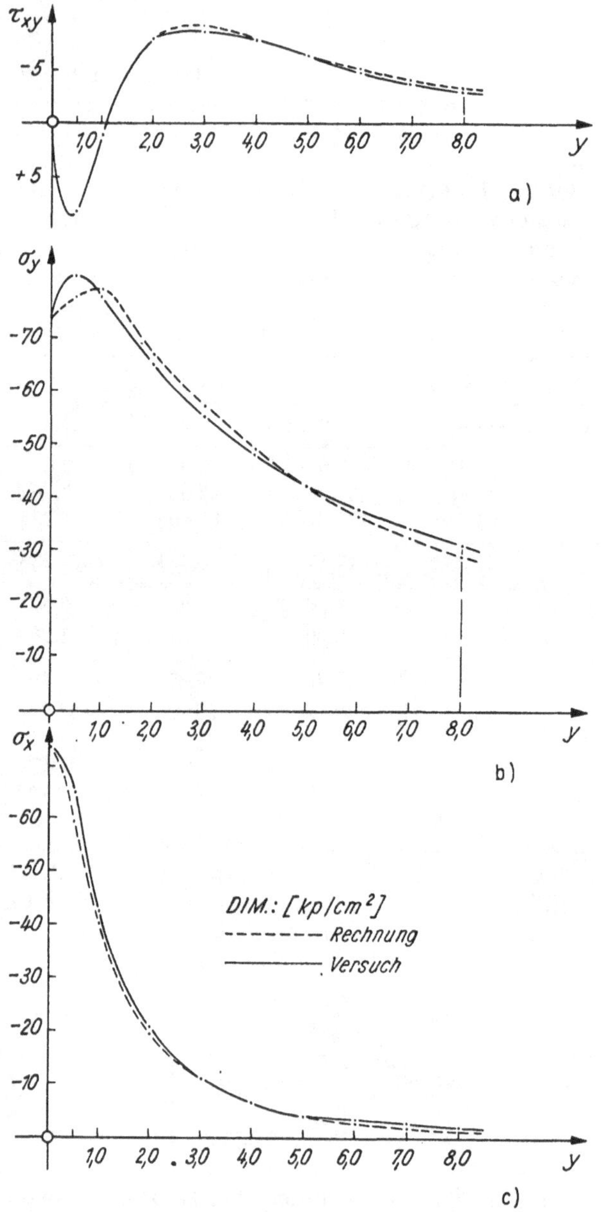

Abb. 16

sich auch bei dem Schnitt $x = +1{,}0$ im betrachteten Bereich noch Differenzen feststellen lassen, die jedoch bezogen auf die größten Spannungswerte σ_y relativ klein sind.

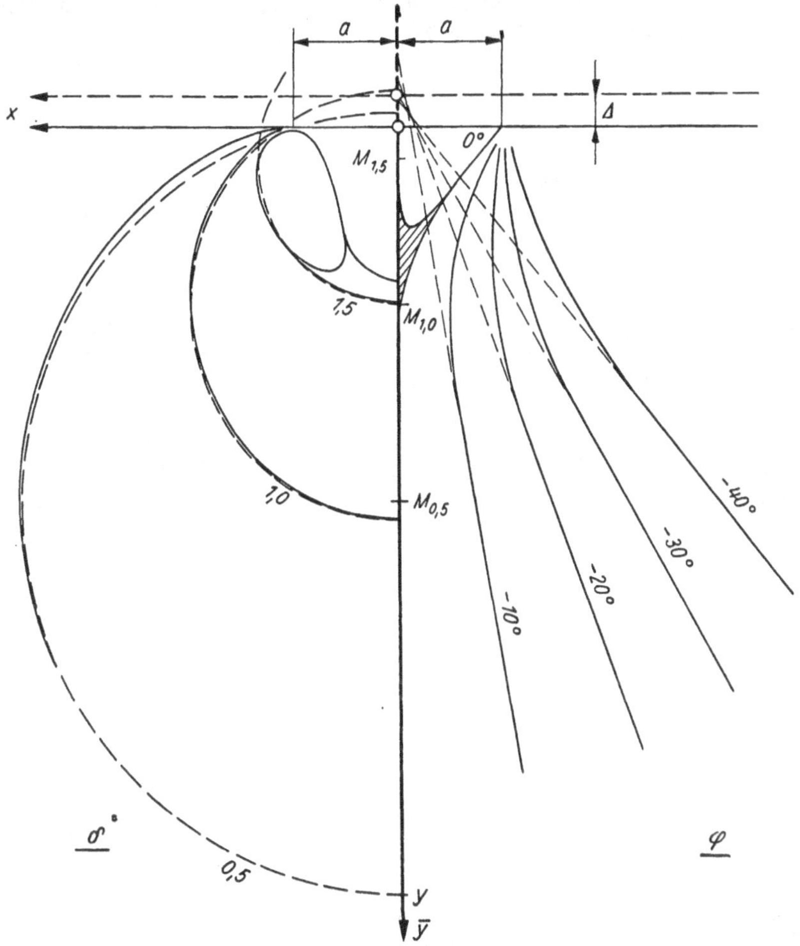

Abb. 17

Man kann mithin in genügend großem Abstand vom Koordinatenursprung, also dem Rand der Halbebene, offenbar die Spannungen mit ausreichender Genauigkeit wie für unmittelbare Belastung durch eine Einzellast berechnen und von diesen Werten ausgehend die Randspannungen aus den spannungsoptisch gewonnenen Isochromaten und Isoklinen ermitteln. So ergab z. B. eine Auswertung für $x = 0$ eine Randspannung von $(\sigma_y)_0 = 61{,}72$ kp/cm² gegenüber dem theoretisch ermittelten Wert von $(\sigma_y)_0 = \frac{P}{2\pi} = 63{,}6$ kp/cm², ein Wert, der wohl als befriedigend genau angesehen werden kann.

4. Zusammenfassung

Es wurde die Spannungsverteilung in der Halbebene infolge einer trapezförmigen Randlast und infolge einer Randbelastung, wie sie sich aus der mittelbaren Belastung über einen starren Körper ergibt, nach der Elastizitätstheorie ermittelt und für je ein konkretes Beispiel die Zahlenrechnung durchgeführt. Außerdem wurden die gleichen Beispiele experimentell mit Hilfe der Spannungsoptik untersucht und weitgehende Übereinstimmung der Ergebnisse festgestellt. Die Spannungsoptik gewährt jedoch auch ohne quantitative Auswertung durch analysierende Betrachtung der im Versuch gewonnenen Isochromaten und Isoklinen einen guten Überblick über die Verteilung und den Verlauf der Spannungen. Daraus ergibt sich vor allem die Möglichkeit, Näherungslösungen zu entwickeln und deren Zulässigkeit oder deren Gültigkeitsbereich festzulegen.

Die Versuchsergebnisse lassen erkennen, daß sich Abweichungen im Spannungsverlauf infolge der verschiedenen Belastungen nur in einem relativ kleinen Bereich in Abhängigkeit von der Belastungsbreite ergeben. Dies trifft auch für den Fall der mittelbaren Belastung zu, bei der im Bereich der theoretisch unendlich großen Randspannungen beim Modellversuch elastoplastische Vorgänge zu beobachten sind. Hierbei ist der Bruchzustand, der im Grundbau besondere Beachtung findet, noch nicht eingetreten. Diesbezügliche Untersuchungen lassen sich ebenfalls spannungsoptisch durchführen, wie demnächst in einer weiteren Abhandlung nachgewiesen wird.

Dr.-Ing. Karl-Hans Laermann,
Dozent für experimentelle Statik,
Rheinisch-Westf. Technische Hochschule
Aachen

Literatur

[1] Boussinesq, M. J., Application des potentials. Gauthier-Villars, Paris 1885.
[2] Schleicher, F., Zur Theorie des Baugrundes. Der Bauingenieur **7** (1926).
[3] Schleicher, F., Die Verteilung der Bodenpressungen unter starren Gründungskörpern. Der Bauingenieur **14** (1933).
[4] Borowicka, H., Druckverteilung unter elastischen Platten. Ing. Arch. **10** (1939).
[5] Sadowsky, M., Zweidimensionale Probleme der Elastizitätstheorie. Z. angew. Math. Mech. 8 (1928) 107.
[6] Föppl, L., Drang und Zwang. Bd. III. Leipniz-Verlag, München 1947.
[7] Carillo, Influence of the Rigidity of a Rectangular Slab on the Settlement and on the Distribution of Elastic Soil Reactions. Proc. 2. Int. Conf. Soil Mechan. Rotterdam, Band VII.
[8] Schultze, E., Die wirkliche Sohldruckverteilung unter starren Grundkörpern. 5. Intern. Tagung Bodenmechanik, Grundbau, Paris 1961.
[9] Schultze, E., Sohldruckverteilung. Z. VDI **104** (1962) 30.
[10] Bachelier, M., Etude géotechnique des fondations de la Centrale d'Ivry. Travaux **36** (1952).
[11] Kany, M., Sohldrücke und Setzungen starrer Sohlplatten auf waagerecht geschichtetem Baugrund. Proc. Europ. Conf. on Soil Mech. and Found. Eng. Wiesbaden 1963, Vol. I.

[12] GIRKMANN, K., Flächentragwerke. 6. Aufl., Springer-Verlag, Berlin/Göttingen/Heidelberg 1963.
[13] MESMER, G., Spannungsoptik. Springer-Verlag, Berlin 1939.
[14] FROCHT, M. M., Photoelasticity. Vol. I, New York, John Wiley & Sons, Inc., 1941; Vol. II, New York, John Wiley & Sons, Inc., 1948.
[15] FÖPPL, L., Elastische Beanspruchung des Erdbodens unter Fundamenten. Forsch. Ing. Wesen **12** (1941) 31.
[16] GIRKMANN, K., Zum Halbebenenproblem von Michell. Ing. Arch. **14** (1943) 106.
[17] SCHUBERT, G., Zur Frage der Druckverteilung unter elastisch gelagerten Tragwerken. Ing. Arch. **13** (1942) 132.
[18] STRUBECKER, K., Vorlesung in Höherer Mathematik II. T.H. Karlsruhe, WS 1947/48
[19] LAERMANN, K. H., Spannungsoptische Methoden zur Lösung elastizitätstheoretischer Aufgaben im Bauwesen. Habilitationsschrift TH Aachen 1966.

On the Physical Basis of Modern Photoelasticity Techniques

J. T. PINDERA

Zusammenfassung

Über die physikalischen Grundlagen moderner spannungsoptischer Verfahren

Es wird ein Überblick über einige frühere und gegenwärtige Tendenzen der Entwicklung der Spannungsoptik gegeben. Die üblichen mathematischen und physikalischen Modelle der spannungsoptischen Vorgänge, welche die Grundlage der spannungsoptischen Verfahren bilden, werden betrachtet, und ihre Eignung zur Erklärung bekannter Zusammenhänge wird erörtert. Die Folgerungen der neuerlichen Erweiterung des Bereiches der elektromagnetischen Strahlung, die in der Spannungsoptik als Indikator und Träger der Information vom Ultravioletten bis zum Mikrowellenbereich benutzt wird, werden dargestellt.

Die photoviskoelastischen Effekte werden in der Form der partiellen Gestaltänderungs- und Orientierungseffekte diskutiert, wobei die letzteren direkt mit der molekularen Struktur der Hochpolymeren verknüpft sind.

Das photoviskoelastische Verhalten der Hochpolymeren wird vom Standpunkt eines linearen Bereiches des Verhaltens, linearer Grenzspannungen für Dehnung und Doppelbrechung erörtert, und die Erfordernisse, die eine ausreichende Beschreibung der Eigenschaften spannungsoptischer Werkstoffe betreffen, werden aufgezeigt.

Einige Aspekte der Theorie des Polariskops und der Einfluß eines vom Längenmaßstab abweichenden Dickenmaßstabes bei Spannungs- und Dehnungsfeldern werden besprochen.

Abstract

Some past and present trends of the development of photoelasticity are reviewed. The common mathematical and physical models of photoelastic phenomena which constitute the basis of photoelastic techniques are reviewed and their capability to explain known relationships is discussed. The consequences of recent extension of the range of electromagnetic radiation, which is used in photoelasticity as a detector and carrier of information from ultraviolet through microwave region, are presented.

Photoviscoelastic effects are discussed in terms of partial distortional and orientational effects, the latter directly related to the molecular structure of high polymers.

Vorgetragen auf der Spannungsoptischen Tagung im Zentralinstitut für Schweißtechnik der DDR, Halle (Saale), 3.—5. Oktober 1967.

The photoviscoelastic behaviour of high polymers is discussed in terms of linear range of behaviour, linear limit stresses for strain and birefringence, and the requirement concerning adequate description of properties of photoelastic materials are presented.

Some aspects of the theory of polariscope and the influence of distorted stress and strain fields are discussed.

Symbols

ε	strain, normal strain component; dielectric tensor component
γ	shear strain component
σ	stress, normal stress component
τ	shear stress; transmittance; time
E, G	YOUNG, shear modulus
ν	POISSON ratio
s	sum of normal stress components
δ_{ij}	KRONECKER's symbol
$D(t)$	creep tensile compliance
$E(t)$	effective (time-dependent) YOUNG modulus; stress relaxation tensile modulus
t	time
a	coefficient of index ellipsoid
q	stress-optic constant, piezo-optic constant
p	strain-optic constant, elasto-optic constant
n	refractive index
n_0	refractive index of unstressed material
$\Delta n = n_1 - n_2$	difference of principal refractive indices
$C_{1,2}$	absolute photoelastic coefficients
C_σ	stress optical coefficient
C_ε	strain optical coefficient
λ	wavelength of electromagnetic radiation
λ_0	basic wavelength for normalized quantities
b	thickness
m	isochromatic order
R	relative retardation
S_r	unit stress optical coefficient
s_σ	model stress optical coefficient
$\beta(t)$	effective stress optical coefficient relaxation type
$s_\sigma(t_i)$	effective stress optical coefficient, momentary value
$\dot{\varepsilon}$	strain rate, principal
φ	angle between principal strain rate axis and optic axis
Φ	angle between principal strain rate axis and streamline direction
γ_s	shear rate parallel to streamline
D	dispersion of birefringence; normalized dispersion of birefringence
R^0	unit retardation
r	normalized retardation
S_σ^n	normalized stress optical coefficient

σ_{ll}	linear limit stress
${}_{\varepsilon}\sigma_{ll}$, ${}_{n}\sigma_{ll}$	linear limit stress for strain or birefringence, respectively
$(\sigma_{ll})_{\text{nom}}$	nominal linear limit stress
$(\sigma_{ll})_{1.0}$	percentual (1.0%) linear limit stress
ϱ	radius of curvature

1. Introduction

In the present state of knowledge the term "photoelasticity" describes methods of investigation and numerical evaluation of mechanical quantities such as strain, stress, mode of deformation, velocity distribution, etc. in solid and fluid bodies by analysis of the change of state and velocity of electromagnetic radiation passing through these bodies, in particular by analysis of induced and orientational birefringence.

It is possible to distinguish some distinct periods of the development of methods of photoelasticity. From the beginning of the 19th century to the beginning of the 20th century, theory and technique of photoelasticity were developed by physicists and chemists. This period is characterized by a thorough investigation of basic optical phenomena related to the strain, stress and velocity field in crystals, in solid amorphous bodies such as glasses, and in fluids.

At the beginning of the 20th century, the possibility of investigating stress fields by an elegant, expeditive and adequately accurate method which was offered by photoelasticity, attracted the attention of engineers and researchers in the field of experimental mechanics. During the next 30—40 years, physical and chemical research in photoelasticity and engineering research were simultaneously developed, maintaining basically the same level of scientific correctness.

In the last 30—40 years we notice a substantial increase in research and application of photoelasticity in engineering fields. Numerous methods have been developed for solving theoretical and experimental problems in many major fields of applied mechanics and practical engineering. However, an increasing tendency is noticeable to simplify the phenomena being investigated in order to obtain possibly simple analytical relations. As a result mathematical models of phenomena are being assumed, which are often designed from the point of view of a convenient solution; such models are usually based on phenomenological observations only and on assumptions which are seldom proved as correct or acceptable.

As a result of this development, the method of photoelasticity has been presently introduced into practically all fields of engineering, but on the other hand, the contact with progress in related fields of pure sciences, which was maintained up to the first part of our century, became weak in several points. It becomes more and more customary to make several unjustified and unnecessary oversimplifying assumptions, consciously or unconsciously, which were already known to be incorrect to researchers of the 19th century. In many cases the assumed mathematical models of phenomenon are even contrary to known solutions of theory of elasticity, rheology, physical optics, and to results obtained in other fields of experimental mechanics. It is not very common to present proof that the simplifying assumptions have been made consciously due to practical necessities, after adequate consideration of their influence on the final results of photoelastic investigations.

Such an approach may lead to an unnecessary increase in experimental errors, in some cases to the complete misunderstanding of basic phenomena, and to undesirable contradictions between various methods of photoelasticity.

The recent expansion of the range of electromagnetic radiation, which is used in photoelasticity as carrier of information from a very narrow (ca. 0.4 micron) visible band into the ultraviolet region and into infrared through microwave regions, created new problems. The conventional models of photoelastic phenomena, the conventional pure phenomenological approach, the conventional description of properties of photoelastic materials, and the conventional design of measuring systems are not more adequate.

Because of the rapid progress in photoelasticity techniques and the arising deficiencies and contradictions, it seems worthwhile to discuss, even partially, the physical basis of typical modern photoelasticity techniques, to outline the basic physical phenomena and to discuss some typical simplifying assumptions. Of special interest are the problems associated with the viscoelastic behaviour of photoelastic materials, with the dependence of induced birefringence on the wavelength of radiation, with orientational birefringence, with the application of distorted models in photoelastic measurements and with relations governing the propagation of electromagnetic radiation in transparent bodies. Such a discussion may contribute to a more general and consistent presentation of basic photoelastic phenomena which are applied by various techniques of photoelasticity.

Due to practical reasons only a few of the most common problems are discussed in this paper.

2. Some basic relations of photoelasticity

We can distinguish the three main groups of photoelasticity methods:

1. Evaluation of stress fields in prototypes by using photoelastic models.
2. Evaluation of strain fields on the surface of prototypes by using photoelastic coatings.
3. Evaluation of stress fields in objects made of photoelastic materials.

The basic relations concerning stress and strain states and propagation of electromagnetic radiation are common for all three groups. Methods of photoelasticity are being applied mainly for evaluating stress components in linearly elastic bodies, i.e. bodies which satisfy Hooke's -Law:

$$\varepsilon_x = \frac{1}{E}\left[\sigma_x - \nu\left(\sigma_y + \sigma_z\right)\right],$$

$$\cdots\cdots\cdots\cdots\cdots$$

$$\cdots\cdots\cdots\cdots\cdots$$

$$\gamma_{xy} = \frac{\tau_{xy}}{G},$$

$$\cdots\cdots$$

$$\cdots\cdots$$

where

$$E = 2\,G\,(1 + \nu)\,,$$

or

$$\varepsilon_{ij} = \frac{1}{2\,G}\left(\sigma_{ij} - \frac{\nu}{1+\nu}\, s\, \delta_{ij}\right) \qquad i, j = x, y, z\,,$$

where

$$s = \sigma_{kk} = \sigma_{xx} + \sigma_{yy} + \sigma_{zz}\,,$$

$$\delta_{ij} = \text{KRONECKER's symbol}$$

and

$$\varepsilon_{ij} = \frac{1}{2}\gamma_{ij}\,.$$

The quantities E, G and ν are strain-independent and time-independent.

The photoelastic models, as all mechanical models being used in experimental stress analysis, must satisfy the well-known laws of model similarity [1].

Photoelastic models are mainly built of certain high polymers, which exhibit non-negligible creep and relaxation under load. It has been shown by MINDLIN [2] and others that if rheological behaviour of photoelastic materials is linear viscoelastic then the laws of similarity for linear elastic bodies are applicable.

Material is linearly viscoelastic if it satisfies the superposition principle, which for uniaxial tension may be conveniently presented by the following relations:

$$\varepsilon(t) = D(t)\,\sigma_0\,,$$

where $D(t)$ which is called "creep tensile compliance" is independent of the stress level, i.e.

$$\varepsilon(t) = \int_0^t D\,(t - \tau)\,\frac{d\sigma(\tau)}{d\tau}\,d\tau$$

and

$$\sigma(t) = E(t)\,\varepsilon_0\,,$$

where $E(t)$ which is called the "stress relaxation tensile modulus" is independent of the stress level, i.e.

$$\sigma(t) = \int_0^t E\,(t - \tau)\,\frac{d\varepsilon(\tau)}{d\tau}\,d\tau\,.$$

For small creep rate:

$$E(t) \cong \frac{1}{D(t)}\,.$$

The photoelasticity techniques used for evaluating the stress components in linearly elastic solids are based on the phenomenon that a transparent isotropic material subjected to mechanical stresses may become optically anisotropic. Analysis of this phenomenon is based on two assumptions:

1. In homogeneously deformed solids all the laws of propagation of electromagnetic radiation derived for homogeneous anisotropic media are valid; the effect of the deformations is only to alter the parameters contained in these laws.

2. The variation of an optical parameter of the solid due to deformation can be expressed as a homogeneous linear function of the six stress or strain components.

In the first approximation, it is usually assumed that the changes of the dielectric tensor components are linearly related to the six stress tensor components and to the six strain tensor components [3], [4].

In a general case of an anisotropic body the ellipsoid of wave normals (index ellipsoid) is presented by equation

$$\frac{x^2}{\varepsilon_x} + \frac{y^2}{\varepsilon_y} + \frac{z^2}{\varepsilon_z} = 1\,,$$

where ε_x, ε_y, ε_z are called the "principal dielectric constants".

Under the influence of a stress state this ellipsoid changes into another one whose equation is:

$$a_{xx}\,x^2 + a_{yy}\,y^2 + a_{zz}\,z^2 + a_{yz}\,y\,z + a_{zx}\,z\,x + a_{xy}\,x\,y = 1\,.$$

For an isotropic material the principal dielectric axes of an unstressed material are equal:

$$\varepsilon_x = \varepsilon_y = \varepsilon_z = \varepsilon\,.$$

In this case the relation between coefficients of index ellipsoid and stress tensor components, related to principal axes, are presented by the well-known equations:

$$a_{xx} - \frac{1}{\varepsilon} = q_{11}\,\sigma_{xx} + q_{12}\,\sigma_{yy} + q_{12}\,\sigma_{zz}\,,$$

$$a_{yy} - \frac{1}{\varepsilon} = q_{12}\,\sigma_{xx} + q_{11}\,\sigma_{yy} + q_{12}\,\sigma_{zz}\,,$$

$$a_{zz} - \frac{1}{\varepsilon} = q_{12}\,\sigma_{xx} + q_{12}\,\sigma_{yy} + q_{11}\,\sigma_{zz}\,,$$

$$a_{yz} = a_{zx} = a_{xy} = 0\,,$$

where constants q_{ij} are called "stress-optic constants" or "piezo-optic constants".

The same relations for strain components are:

$$a_{xx} - \frac{1}{\varepsilon} = p_{11}\,\varepsilon_{xx} + p_{12}\,\varepsilon_{yy} + p_{12}\,\varepsilon_{zz}\,,$$

$$a_{yy} - \frac{1}{\varepsilon} = \ldots\ldots\ldots\ldots\ldots\,,$$

$$a_{zz} - \frac{1}{\varepsilon} = \ldots\ldots\ldots\ldots\ldots\,,$$

where constants p_{ij} are called "strain-optic constants" or "elasto-optic constants".

It follows that the principal axes of the stress tensor coincide with those of the index ellipsoid, i.e. with those of the dielectric tensor.

Because refractive indices are equal to the square root of the dielectric constant, the above equations may be presented in a more popular form:

$$\frac{1}{n_1^2} - \frac{1}{n_0^2} = q_{11}\,\sigma_1 + q_{12}\,(\sigma_2 + \sigma_3)\,,$$

$$\frac{1}{n_2^2} - \frac{1}{n_0^2} = q_{11}\,\sigma_2 + q_{12}\,(\sigma_1 + \sigma_3)\,,$$

$$\frac{1}{n_3^2} - \frac{1}{n_0^2} = q_{11}\,\sigma_3 + q_{12}\,(\sigma_1 + \sigma_2)\,.$$

Because n_1, n_2 and n_3 usually differ slightly from n_0, it is common to replace these second order relations by linear ones:

$$n_1 - n_0 = C_1\,\sigma_1 + C_2\,(\sigma_2 + \sigma_3)\,,$$

$$n_2 - n_0 = C_1\,\sigma_2 + C_2\,(\sigma_1 + \sigma_3)\,,$$

$$n_3 - n_0 = C_1\,\sigma_3 + C_2\,(\sigma_1 + \sigma_2)\,.$$

It follows that

$$n_1 - n_2 = \Delta n = C_\sigma\,(\sigma_1 - \sigma_2)$$

or

$$R = b\,(n_1 - n_2) = b\,\Delta n = m\,\lambda = b\,C_\sigma\,(\sigma_1 - \sigma_2)$$

respectively

$$m = \frac{b\,C_\sigma}{\lambda}\,(\sigma_1 - \sigma_2) = \frac{1}{s_\sigma}\,(\sigma_1 - \sigma_2)\,.$$

The value of C_σ may depend on the time of loading and on electromagnetic radiation frequency, but shall be independent of the stress level:

$$C_\sigma = C_\sigma(\lambda, t)\,,$$

$$C_\sigma\,(\lambda = \lambda_i, t = t_i) = \text{const} \quad \text{for} \quad \sigma_{\min} < \sigma < \sigma_{\max}\,.$$

In other words, photoelastic materials shall be linearly photoviscoelastic, i. e.

$$\sigma_1 - \sigma_2 = \int\limits_0^t \beta\,(t - \tau)\,\frac{d\Delta n(\tau)}{d\tau}\,d\tau\,,$$

where $\beta(t)$ could be called the "effective stress optical coefficient, relaxation type".

The above phenomenological relations do not contain any information on dichroic effects, orientational effects on the molecular level, dispersion of optical axes, etc. It means that the above information was neglected or was assumed irrelevant, at the design of the mathematical model of phenomenon.

The basic phenomenological relations for fluid flow birefringence include additional information on orientational effect. In the linear range the birefringence and the optic axis direction are described by relations:

$$\Delta n = C_1'\,\dot{\varepsilon}\,,$$

$$\varphi = \frac{1}{2}\,C_2'\,\gamma_s = C_2'\,\dot{\varepsilon}\,\sin 2\,\Phi_0\,,$$

where φ and Φ are angles between the principal strain rate axis and the optic axis, or streamline direction, respectively; C_1' and C_2' are constants.

The photoelastic coating techniques are based on the assumption that relations between stress, strain and birefringence components are linear:

$$\Delta n = C_\varepsilon (\varepsilon_1 - \varepsilon_2) ,$$

where

$$C_\varepsilon = C_\sigma \frac{E}{1 + \nu} .$$

Also in this case the coefficient C_ε may be dependent on time of loading and on frequency of electromagnetic radiation, but shall be independent of the stress level.

3. Optical phenomena in photoelasticity techniques

The present photoelastic research makes use of the electro-magnetic radiation in the range from ultraviolet to microwaves, Fig. 1. The suitable knowledge of the nature of electromagnetic radiation is necessary for further developing the theory of photoelastic measuring systems and understanding basic photoelastic and optic phenomena, such as orientational birefringence and absorption bands.

Fig. 1(a) presents general data on the electromagnetic radiation range applicable in photoelasticity and on ranges of present application. Methods of detecting and recording radiant energy in various bands are presented in Fig. 1(b).

The application of such a wide range of electromagnetic radiation in photoelastic techniques requires a more general description of photoelastic phenomena and optical phenomena than is still common in photoelasticity. Some typical examples are given below.

3.1. Spectral transmittance, absorbance

The first optical property of transparent materials being used in photoelasticity is transmittance or transmissivity, respectively absorbance or absorptivity. Neglecting scattering and fluorescence, the radiant energy falling upon a plane parallel plate at the zero angle of incidence is presented as the sum of reflected energy Φ_R, absorbed energy Φ_A and transmitted energy Φ_τ

$$\Phi = \Phi_R + \Phi_A + \Phi_\tau$$

or

$$1 = \varrho + \alpha + \tau ,$$

where ϱ is reflectivity (or reflectance), α is absorptivity (or absorbance), τ is transmissivity, also called transmittance.

Transmittance is of course a function of wavelength:

$$\tau = \tau(\lambda) ,$$

therefore the term "spectral transmissivity" is used.

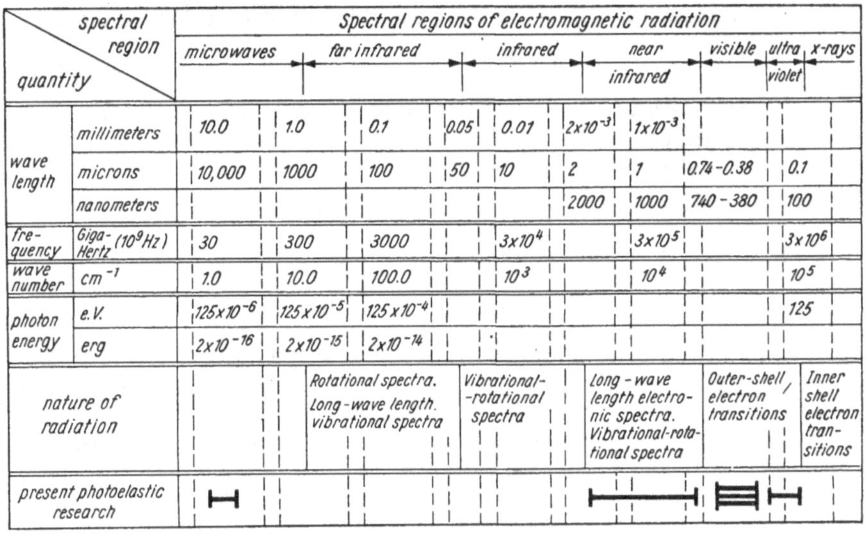

Figure 1a

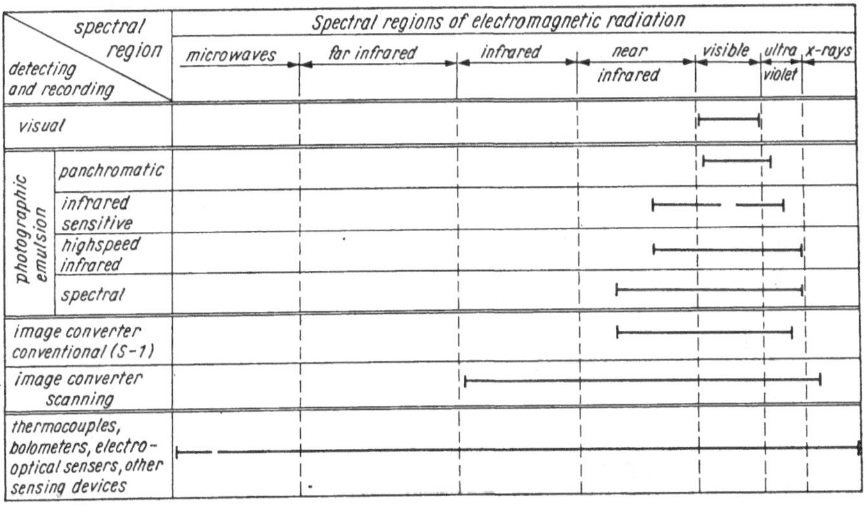

Figure 1b

Fig. 1. Electromagnetic spectrum range applicable in photoelasticity.
a) general data; b) detecting and recording

A different measure is the internal transmittance which is defined as the ratio of radiant energy at the end of the optical path inside the body to the radiant energy at the beginning of the path:

$$\Theta = \frac{\Phi_e}{\Phi_i}.$$

Absorption in a medium can be presented by the exponential loss of absorption:

$$\Phi_e = \Phi_i \, e^{-\alpha b} ,$$

where b is the length of the optical path and α is the absorption coefficient.

The internal transmittance is a function of the wavelength of radiant energy and of the optical path length.

Two main points related to this problem merit attention. These are:

spectral transmittance of all the elements of polariscope, including recording devices, and

spectral transmittance of photoelastic materials.

Spectral transmittance of the polariscope is an analogous quantity to the frequency response of the electronic measuring and recording systems and represents a measure for the versatility of polariscope.

Spectral transmittance respectively spectral absorbance of photoelastic materials is one of their basic optical properties. A good photoelastic material does not exhibit selective absorbance depending on the direction of vibration of the incident light which leads to dichroism or pleochroism.

In several materials, such as some semiconductors, the state of induced birefringence may be influenced by the temperature field resulting from absorbed energy.

Two examples of spectral transmittance are presented in Fig. 2.

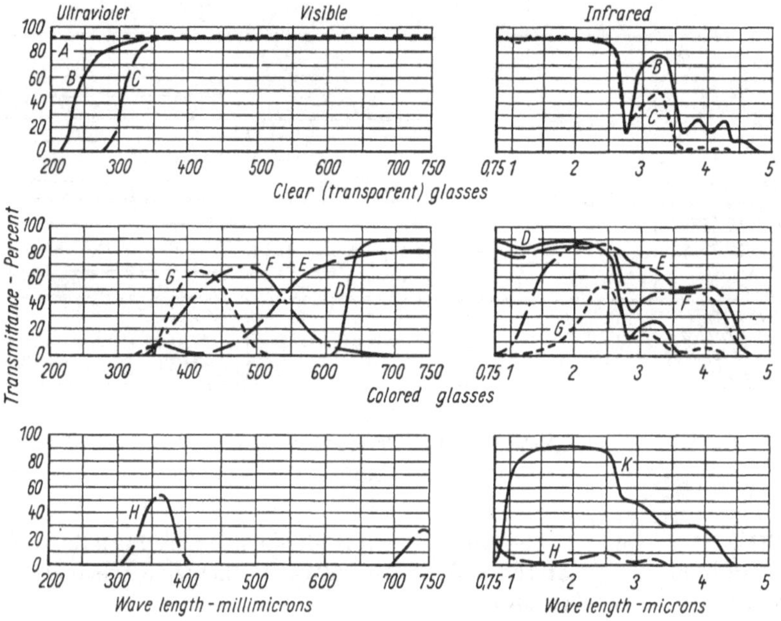

Fig. 2. Spectral transmittance and absorbance of several photoelastic materials.

a) glass

Glasses with absorption in visible range

Curve	Glass Type	Corning Glass No.	Corning Filter Spec.	Approx Thick., mm
A	Clear silica glass (very pure)	7940		5
B	Clear 96 % silica glass	7910	9–54	2
C	Clear borosilicate glass	7740	0–53	2
D	Red	2408	2–60	3
E	Amber	3307	3–77	3
F	Green	4445	4–74	2,5
G	Blue	5543	5–60	5
H	Ultraviolet transmitting	5874	7–39	5
K	Infrared transmitting	2540	7–56	2,5

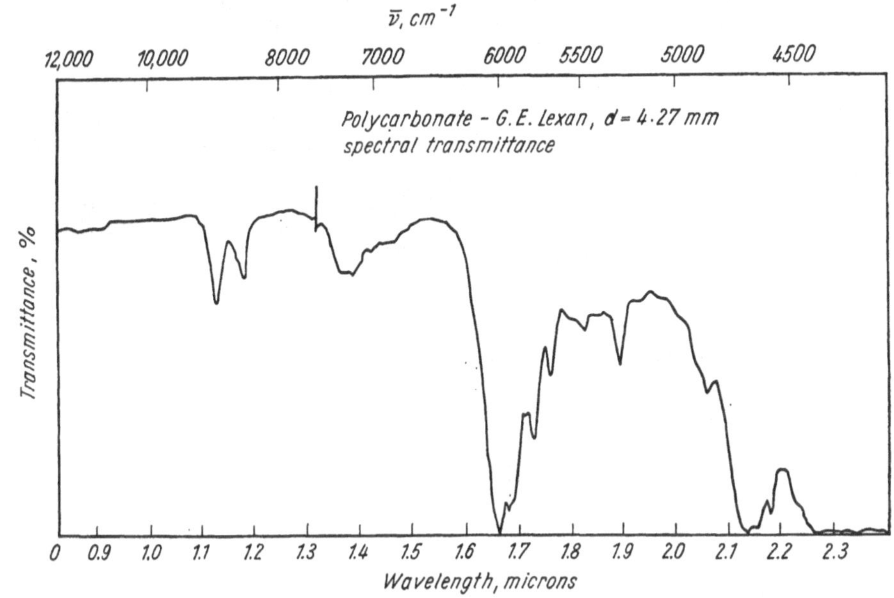

Fig. 2b. Spectral transmittance and absorbance of several photoelastic materials. b) polycarbonate resin „Lexan". From [38]

3.2. Spectral dependence of photoelastic coefficients

It is still very common to assume that the relative retardation in a given model depends only on principal stress difference and does not depend on frequency of radiation

$$R = b\, C_\sigma (\sigma_1 - \sigma_2) = R(\lambda_1) = R(\lambda_2) = \cdots = R(\lambda_i) = R_0$$

and consequently for a given stress state in a given model:

$$m(\lambda_1) = \frac{R_0}{\lambda_1}; \quad m(\lambda_2) = \frac{R_0}{\lambda_2} \text{ etc.}$$

This assumption has been known to be incorrect for more than 50 years and is neither necessary nor convenient.

The dependence of the absolute and relative retardation and consequently of the photoelastic coefficients upon wavelength of radiation is called "dispersion of birefringence" [5]. Several investigators have observed that birefringence depends upon the colour of light used in its measurements; it means that the isochromatic order is not simply inversely proportional to the wavelength. A comprehensive survey of research work done in this field and related bibliography up to the year 1931 is presented in the classical work of COKER and FILON [3]. Further data on dispersion of birefringence of photoelastic materials were published by MÖNCH [6], PRIMAK and POST [7], PINDERA [8, 9, 10], MÖNCH, HARTMAN, JIRA, LOREK [11–16], PINDERA and CLOUD [17], and others.

Forty years ago it was found by RAMSPECK [18] that dispersion of birefringence in celluloid was related not only to the wavelength of radiation, but also to the mode of deformation. Results of further research show that the majority of known photoelastic materials exhibit such properties, however the relations between involved quantities are not simple.

The problem arises as to how to present dispersion of birefringence and what measure for it should be chosen in order to present relations between birefringence, radiation frequency and mode of deformation in a consistent and convenient manner.

The formula presented by COKER and FILON [3], which describes the variation of stress optical coefficient with wavelength of radiation, closely fits the behaviour of many noncreeping glasses:

$$C_\sigma = \frac{C_0}{1 - (\lambda_0/\lambda)},$$

where C_0 and λ_0 are constants for any given glass. However the birefringence in several glasses deviates from this formula as shown in Fig. 3(a).

E. MÖNCH in his papers [6, 11, 16] proposed the following relation as a measure for the dispersion of birefringence:

$$D = \frac{(m\,\lambda)_{\lambda 1} - (m\,\lambda)_{\lambda 2}}{(m\lambda)_{\lambda 1}},$$

where λ_1 denotes yellow sodium line or red light ($\lambda = 655$ nm), and λ_2 denotes the blue mercury line.

This formula has been used by MÖNCH and his associates in an attempt to establish functional relations between the dispersion of birefringence and the degree of plastic deformation for several plastics, however without positive results for all materials but celluloid.

PINDERA and CLOUD [17] introduced the following measures:

Unit retardation $R^0 = C_\sigma\, b_\sigma\, \sigma_0$

for $t = \text{const}$, $\sigma_0 = 1\ \text{kg mm}^{-2}$, $b_0 = 1\ \text{cm} = 10\ \text{mm}$.

Normalized retardation

$$r = \frac{R^0(\lambda)}{R^0(\lambda_0)} = \frac{R(\lambda)}{R(\lambda_0)} = \frac{(\Delta n)_\lambda}{(\Delta n)_{\lambda_0}} = \frac{C(\lambda)}{C(\lambda_0)} = r(\lambda)$$

for $t = \text{const}$.

In a linear range:

$$r(\lambda) = \frac{C_\sigma(\lambda)}{C_\sigma(\lambda_0)} = \frac{C_\varepsilon(\lambda)}{C_\varepsilon(\lambda_0)}.$$

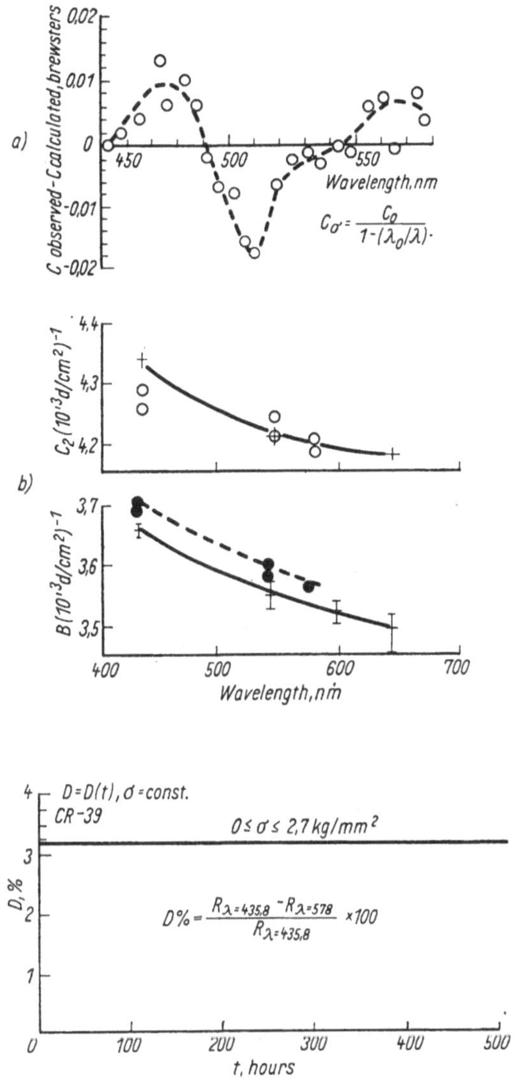

Fig. 3a—g. Dispersion of birefringence: spectral dependence of stress optical coefficients.

a) Glass 3453. Difference ΔC between observed C and C calculated from COKER-FILON formula, versus wavelength of radiation.

b) dispersion of stress birefringence (B) and the photoelastic constant of the ordinary ray (C_2) of vitreous silica. Solid curves are the accepted values. From [7].

c) CR-39. Dispersion of birefringence from tensile test at constant nominal stress calculated according to MÖNCH's formula. From [8]

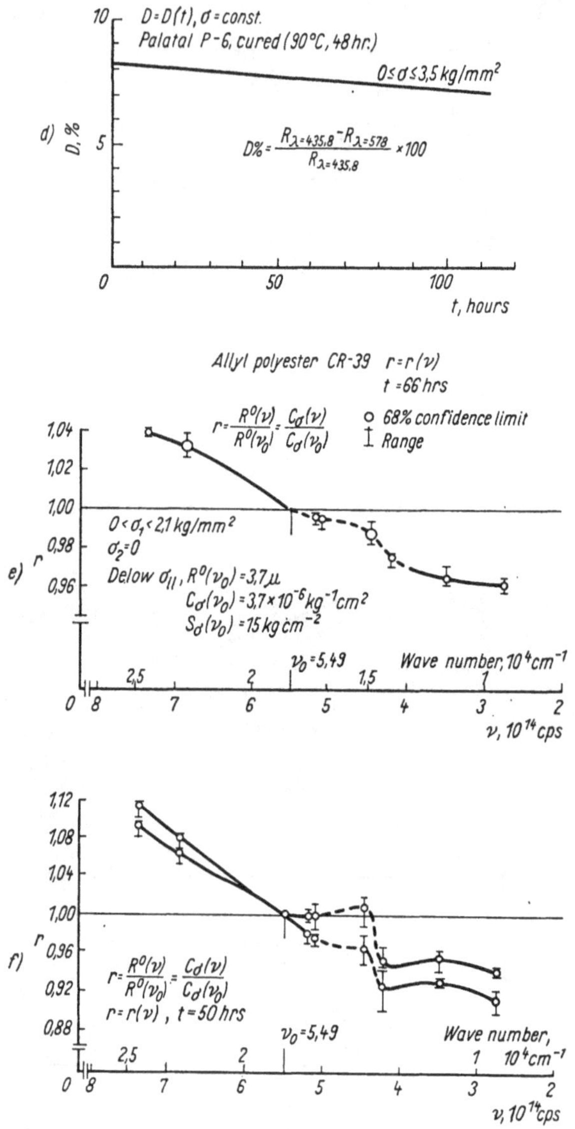

Fig. 3 d—f

d) Polyester resin Palatal P–6, cured. Dispersion of birefringence from tensile test at constant nominal stress, calculated according to MÖNCH's formula. From [8].

e) CR–39, $t = 66$ hr. Normalized retardation as a function of radiation wavelength and frequency at $t =$ const. From [17].

f) Palatal P–6, cured 90° C, 40 hr., $t = 50$ hr. (Polymerization not at nominal). Normalized retardation as a function of radiation wavelength and frequency at $t =$ const. From [17]

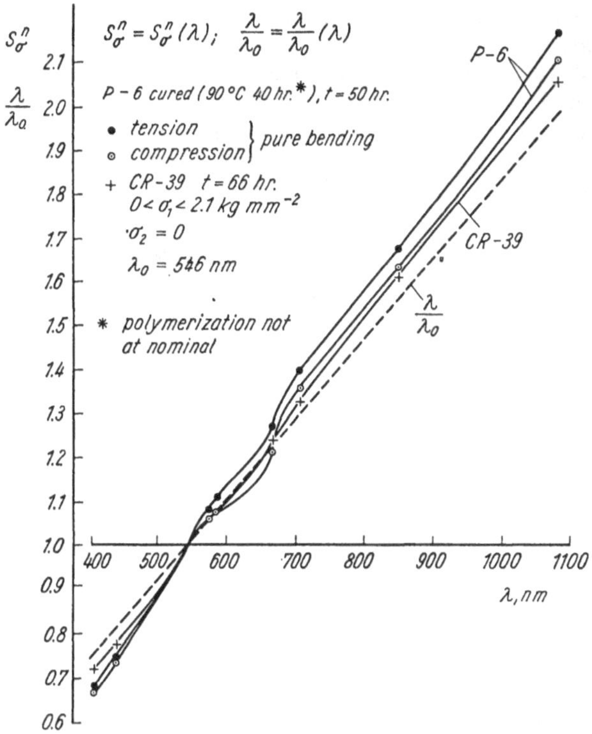

Fig. 3g. CR–39 and Palatal P–6, cured 90 °C, 40 hr. Normalized stress optical coefficients as functions of wavelength (—). Ratio (λ/λ_0) as a function of wavelength (– –)

Hence, $C_\sigma(\lambda) = C_\sigma(\lambda_0)\, r(\lambda)$, and $(\Delta n)_\lambda = (\Delta n)_{\lambda_0}\, r_\lambda$.
Normalized dispersion of birefringence for $t =$ const:

$$D = \frac{dr}{d\lambda} = \frac{1}{R(\lambda_0)} \frac{dR}{d\lambda} = \frac{1}{(\Delta n)_{\lambda_0}} \frac{d(\Delta n)}{d\lambda} = D(\lambda)\,.$$

Wavelength λ_0 was chosen equal to 546 nm.

It seems expedient to extend these definitions for stress optical coefficients which are defined by relations:

$$m = \frac{R}{\lambda} = \frac{b\, C_\sigma}{\lambda}(\sigma_1 - \sigma_2) = \frac{1}{s_\sigma}(\sigma_1 - \sigma_2)\,,$$

where s_σ is called model stress optical coefficient and

$$S_\sigma = s_\sigma \frac{b}{b_0}\,,$$

where S_σ denotes unit stress optical coefficient and b_0 the unit thickness, preferably equal to 1 cm.

Let us introduce the "normalized stress optical coefficient"

$$S_\sigma^n = \frac{S_\sigma(\lambda)}{S_\sigma(\lambda_0)} = \frac{\lambda}{\lambda_0} \frac{C_\sigma(\lambda_0)}{C_\sigma(\lambda)} = \frac{\lambda}{\lambda_0} \frac{1}{r}\,,$$

where $\lambda_0 = 546$ nm.

S_σ^n represents the percentual deviation of stress optical coefficient from its normalizing value for $\lambda_0 = 546$ nm.

Dispersion of birefringence of several photoelastic materials is presented in Fig. 3 in various measures.

The dispersion of birefringence in the linear range of material behaviour and the spectral transmittance curve present the basic optical measure of the suitability of a material for photoelastic studies.

3.3. Oblique incidence problems

It is well known that the state of polarisation of light passing through optical elements of polariscope and through model changes if incidence is oblique. Three particular problems or groups of problems seem to find too little attention:

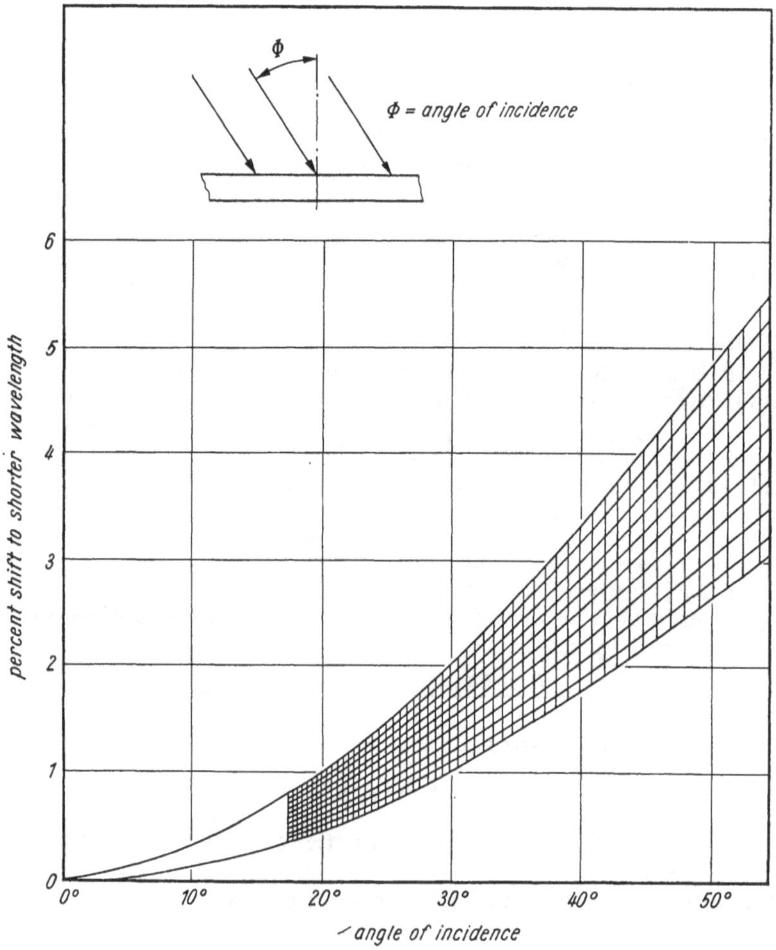

Fig. 4. Wavelength shift of ultra-narrow bandwidth interference filters as a function of the angle of incidence of collimated radiation. From [20]

spectral energy distribution of radiation passing through narrow bandwidth interference filters, change of the state of polarisation of light falling at oblique incidence on unstressed, i.e. optically isotropic model, and change of polarisation state of light reflected from metallic surfaces at oblique incidence.

The first problem is illustrated by Fig. 4. It follows that wavelength of the optimal radiation transmitted by metal interference filters depends on the angle of incidence, namely is shifted towards the shorter wavelengths when the angle of incidence increases. As a result, when the interference filter is located in a nonparallel light bundle then spectral energy distribution of the transmitted light varies from point to point in the plane perpendicular to the optical axis of polariscope [19, 20].

The second problem is directly related to the popular oblique incidence method. It is usually assumed that state of polarisation of the light penetrating unstressed model at oblique incidence is the same as at normal incidence. This is corrrect only if experimentator took suitable precautions, namely when additional prisms and immersion fluid were applied, in order to eliminate the oblique incidence effects on the face boundary of model. Such precautions are taken seldom; the compensating elements in the oblique incidence attachments compensate a part of the total effect only. As a result, the plane of vibration of the linearly polarised light refracted in model changes and the intensities of partial vibrations change too. A typical example is given in Fig. 5.

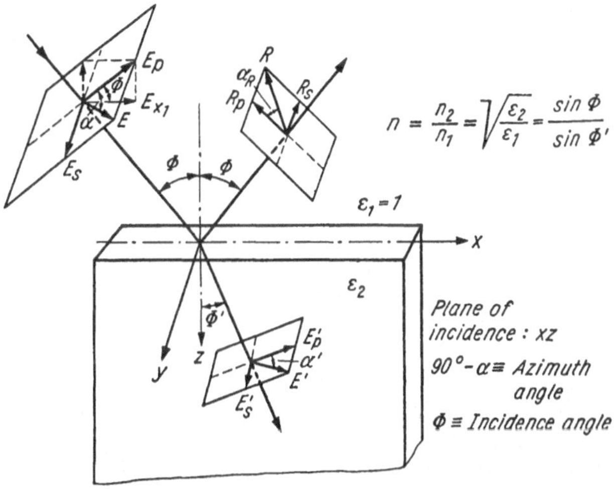

$$\frac{R_s}{E_s} = -\frac{\sin(\Phi - \Phi')}{\sin(\Phi + \Phi')}; \qquad \frac{R_p}{E_p} = \frac{\tan(\Phi - \Phi')}{\tan(\Phi + \Phi')}$$

$$\frac{E_s'}{E_s} = \frac{2\sin\Phi'\cos\Phi}{\sin(\Phi + \Phi')}; \qquad \frac{E_p'}{E_p} = \frac{2\sin\Phi'\cos\Phi}{\sin(\Phi + \Phi')\cos(\Phi - \Phi')}$$

$$\tan\alpha_R = \frac{R_s}{R_p} = -\tan\alpha\,\frac{\cos(\Phi - \Phi')}{\cos(\Phi + \Phi')}; \qquad \tan\alpha' = \frac{E_s'}{E_p'} = \tan\alpha\cos(\Phi - \Phi')$$

Fig. 5. Propagation and components of linearly polarised light at oblique incidence

It follows from Fig. 5 that in the case of an unstressed dielectric illuminated at oblique incidence the rotation of the plane of vibration of the linearly polarised light refracted in material is well above typical experimental errors as is the change of intensity of the components of primarily circularly polarised light. The changes of indices of refraction due to the induced stress state represent additional factor which, however, can usually be neglected.

The third group of problems is related to the spectral reflectivity from metallic surfaces. It is well-known that the state of polarisation of the light reflected from metallic surfaces changes always to an elliptical or circular one. In addition reflectivity of the metallic surfaces is usually strongly wavelength-dependent which can impair the measurements in white light. An additional factor may sometimes result from the dependence of the complex index of refraction of metals on the stress state [21].

The above phenomena are well known, however only few authors consider them and take suitable precautions in order to obtain reliable results [22].

4. Photoviscoelastic behaviour of materials

Six main groups of photoelastic materials can be distinguished: glasses, solid high polymers, ceramics, crystals, semiconductors and fluids.

The behaviour of glasses, ceramics, semiconductors and crystals can be considered as linearly elastic or elastic-plastic as in the case of crystals loaded until intensity of dislocations is high. Birefringent fluids are outside of scope of this paper. The high polymers which are the most common photoelastic materials exhibit strong effects of mechanical and optical creep, relaxation and recovery.

All high polymers being used in photoelasticity creep under load, and their creep is not negligible.

It is common to assume that high polymers being used in photoelasticity are linearly viscoelastic bodies, both mechanically and optically. However the experimental evidence indicates that this linearity is only phenomenological within certain limits and that the range of the phenomenologically linear behaviour is limited and time-temperature-dependent [23, 24, 8, 25, 26, 27, 28]. Schematic presentation of viscoelastic properties of several photoelastic materials for certain loading times is given in Fig. 6. The relations between stress, strain and birefringence were evaluated for a step function load, $P = P_0 \langle t - t_0 \rangle^0$. The linear phenomenologically range of viscoelastic behaviour is limited by certain stress values which is called "linear limit stress" σ_{ll} in paper [27]. Depending on the shape of the stress-strain or stress-birefringence curves, linear limit stress may be evaluated either as "nominal" "$(\sigma_{ll})_{\text{nom}}$" and "percentual" "$(\sigma_{ll})_{1.5}$", or only as a percentual, Fig. 7.

Linear limit stress may be evaluated for creep and for creep recovery, in regard to strain, as $_{\varepsilon}(\sigma_{ll})$ or in regard to birefringence as $_{n}(\sigma_{ll})$.

Linear limit stress for strain does not always coincide with that for birefringence [28]; σ_{ll} for birefringence seems to be lower than those for strain. This is very convenient from the point of view of accuracy of photoelastic and mechanical model tests.

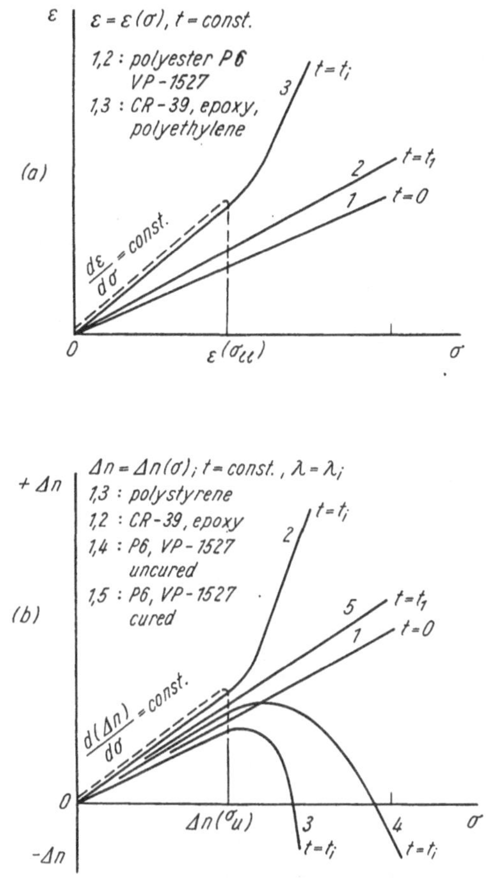

Fig. 6. Schematic presentation of viscoelastic behaviour of some typical photoelastic materials.

a) stress-strain relations; b) stress-birefringence relations

Analysis of optical effects during creep and creep recovery indicates that the total photoelastic effect is composed of at least two separate groups of effects, distortional and orientational [23, 24, 8, 17, 29, 30, 38]. Some results indicate that the orientational birefringence related to the viscoelastic deformation at creep is not always linearly related to the strain, as it is often assumed [8, 10]. It follows that the apparent linearly viscoelastic range of photoelastic behaviour of material may be composed of linear and nonlinear partial effects. That is the reason that the author prefers the terms "linear behaviour" or "momentary linear behaviour" than "linear viscoelastic behaviour" in describing the rheological behaviour of photoelastic and model materials.

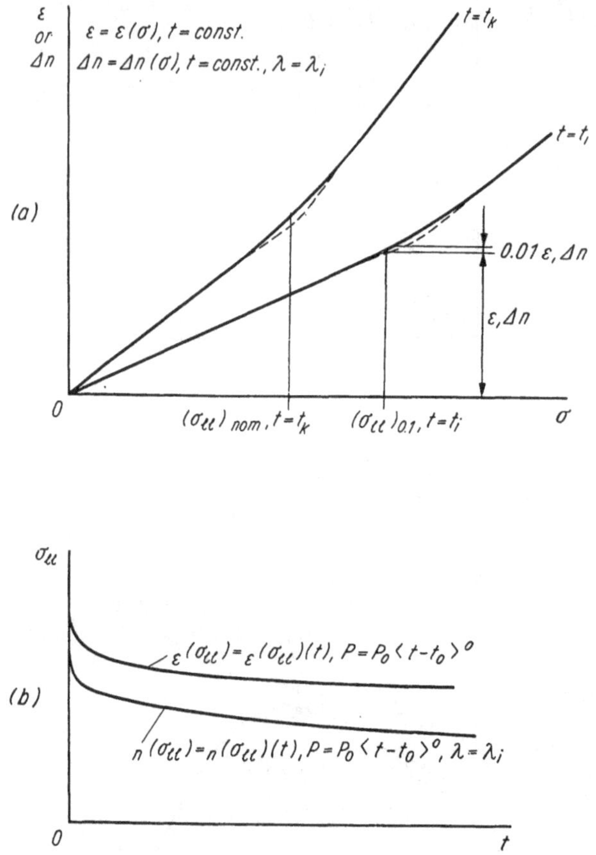

Fig. 7. Schematic presentation and schematic relations for linear limit stress.
a) definition of nominal and percentual limit stress
b) time-dependence of linear limit stress

It seems that the viscoelastic behaviour of some photoelastic high polymers, especially those exhibiting two linear ranges connected by a transition curve could be approximated by the relations:

$$\varepsilon_t = \frac{1}{E_0}\,\sigma + \frac{1}{E'(t)}\,\sigma + \sum_k \frac{1}{E''(t)_k}\, w_k \,\langle \sigma - \sigma_{l\,l}(t)_k \rangle^1$$

and

$$\Delta n_t(\sigma) = (C_\sigma)_0\,\sigma + C'_\sigma(t)\,\sigma + \sum_k C''_\sigma(t)_k\, w_k\, \langle \sigma - \sigma_{l\,l}(t)_k \rangle^1\,,$$

where w_k denotes statistical weight, and the meaning of other quantities is given by Fig. 8. The above relations are linear for $\sigma < (\sigma_{l\,l})_k$, where $\sigma_{l\,l} = \sigma_{l\,l}(t)$.

The time parameters in the above formula are related to the load step functions, $P = P_0 \langle t - t_0 \rangle^0$.

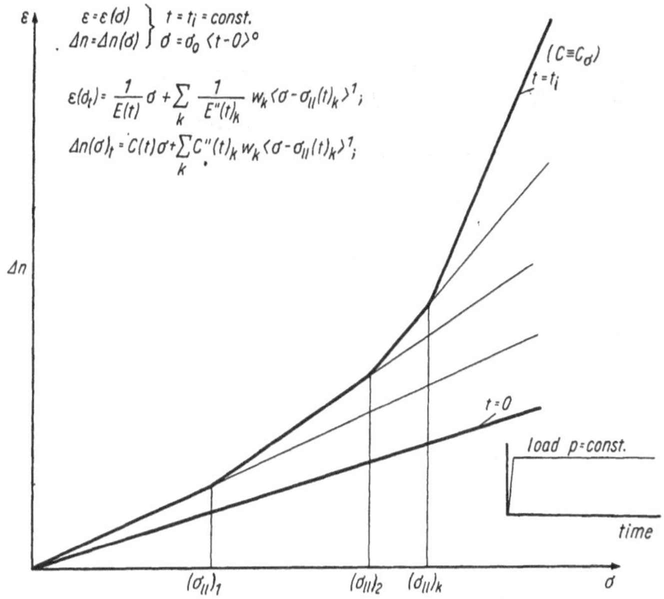

Fig. 8. Schematic presentation of behaviour of a momentary linear material exhibiting two linear ranges connected by a wide transition region (nominal limit stress is not sharply defined)

In the first approximation it can be assumed that linear limit stresses for compression and for tension are the same:

$$|(\sigma_{l\,l})_{\min}| = |(\sigma_{l\,l})_{\max}| \,.$$

However the indirect experimental evidence indicates that linear limit stress depends upon stress state:

$$\sigma_{l\,l} = \sigma_{l\,l}(\sigma_1, \sigma_2, \sigma_3) \,.$$

Some typical data on linear limit stresses are presented in Fig. 9.

Linear limit stress is strongly temperature-dependent and seems to approach zero in some polymers when temperature approaches second order transition point.

It seems already obvious that the common interpretation of photovisco-elastic effects and "stress freezing" effects on the basis of the so-called "bi-phase" or "multi-phase" theory is pure phenomenological, not capable to predict the behaviour of material on the basis of its structure, and is contradictory to known facts. The particular photoviscoelastic behaviour of high polymers can be explained in a consistent manner by the influence of rotational birefringence effects which are related to orientation of certain anisotropic molecules or molecule groups in the molecule chains during the process of creep deformation. Since these effects are not always linear functions of the strain, it is not correct to assume that the photoelastic effects at the temperature above transition temperature are linearly related to stress in the whole range of deformation, as it is com-

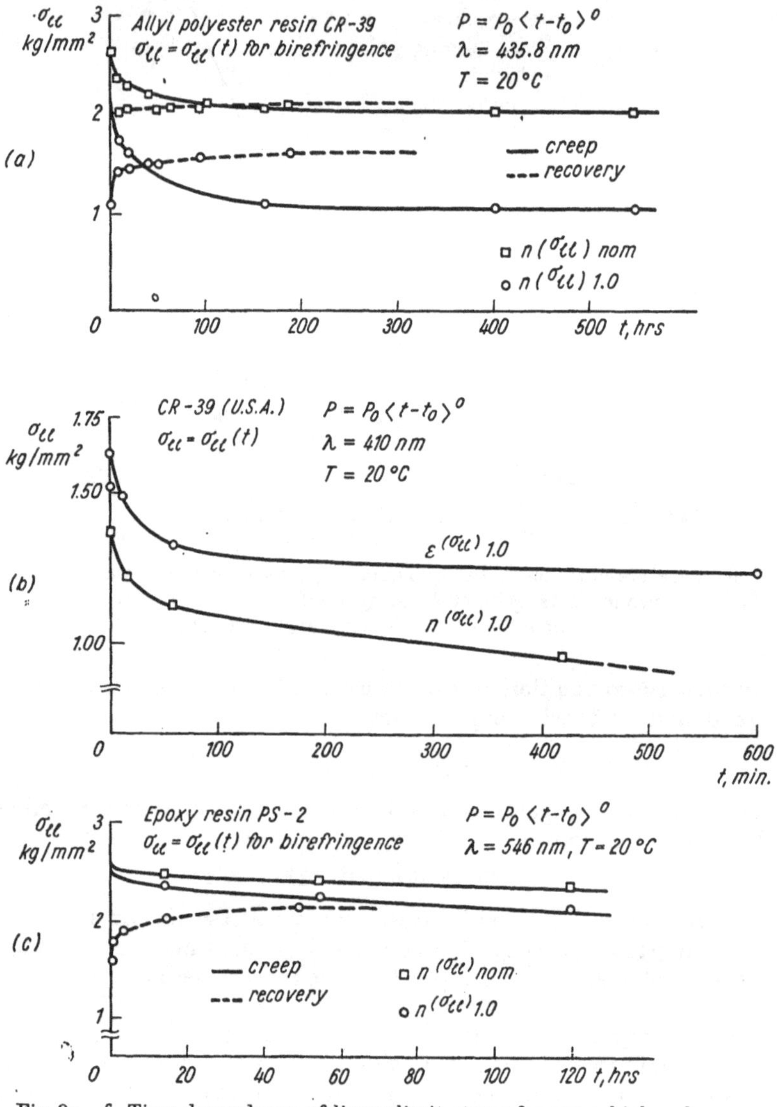

Fig. 9a—f. Time-dependence of linear limit stress for some high polymers. From [27] and [28].

a) CR–39 (British): σ_{ll} for birefringence. From [27].

b) CR–39 (U. S. A.): σ_{ll} for strain and birefringence. From [28].

c) Epoxy resin PS–2: σ_{ll} for birefringence. From [27]

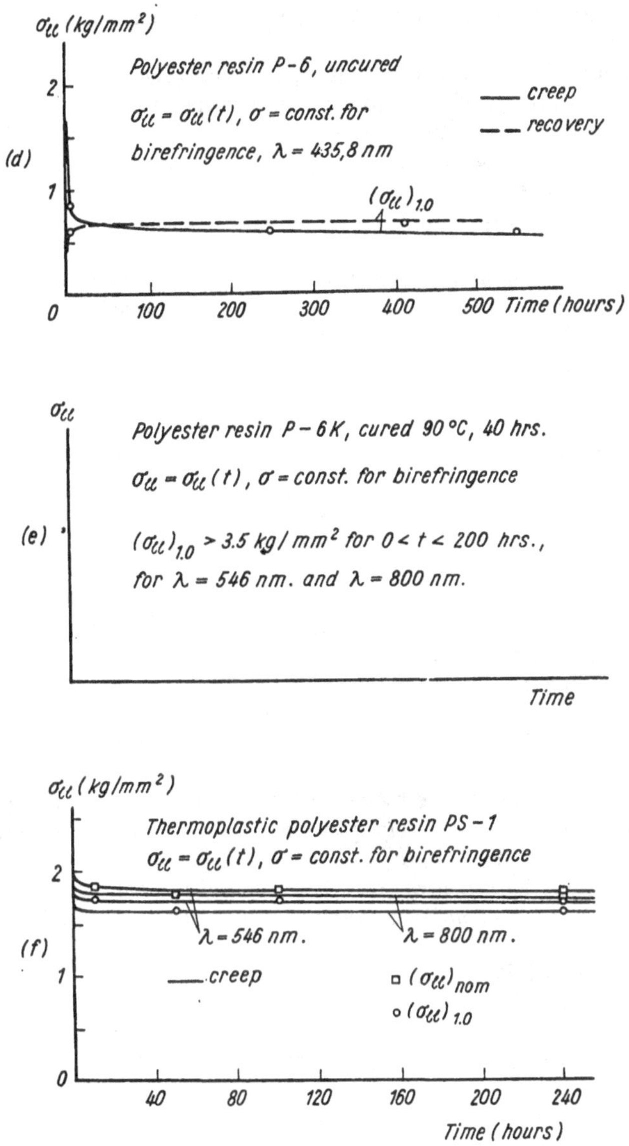

Fig. 9d–f

d) Polyester resin Palatal P–6, uncured. σ_{ll} for birefringence. From [27].
e) Polyester resin Palatal P–6 K, cured. σ_{ll} for birefringence. From [27].
f) Thermoplastic polyester resin PS–1. σ_{ll} for birefringence. From [27]

monly assumed in the freezing techniques. Experimental evidence concerning rheological behaviour of photoelastic materials above the transition temperature is still missing.

One particular important problem merits discussion, namely that of the relation between nonlinear deformation and dispersion of birefringence. Dispersion may be due to different modes of vibration on the molecular level. Thus, it seems quite possible that over the spectral range there may exist for certain high polymers some specific dependence between dispersion of birefringence, wavelength of radiation and degree of nonlinear deformation. It may be that some particular changes of dispersion of given wavelengths could be related to rearrangements of certain units of molecules. Our knowledge of these phenomena is practically nil. It may be that the orientational effects are responsible for the influence of dispersion of birefringence on the location of zero order isochromatics which are supposed to correspond exactly to the singular points of the stress field according to the elementary theory, but which are sometimes dependent on the wavelength of radiation. That effect, investigated and described by VAN GEEN [31] requires suitable consideration.

Summarizing, according to our present knowledge, the still prevailing pure phenomenological description and interpretation of the mode of photoviscoelastic behaviour of high polymers cannot be considered as satisfactory because it does not explain the known effects and is not capable of predicting material behaviour outside of the known range.

In the present state of knowledge the physical and mathematical models of photoelastic phenomena should contain basic information on:

Material structure;
Range of linear behaviour, in regard to strain and birefringence;
Dispersion of birefringence or frequency dependence of dielectric constant;
Distortional and orientational birefringence;
Effective YOUNG modulus, effective POISSON ratio, and effective unit stress optical coefficients, respectively pertinent rheological functions;
Transition temperature range;
Rheological behaviour below and above transition temperature;
Temperature influence on linear limit stress and on mechanical and optical rate of creep;
Spectral transmissivity.

5. Simplification of stress states. Distorted models

Due to practical reasons the relations of the theory of elasticity developed for infinitesimally thin discs and plates are being applied to analysis of strain and stress states in physical elements whose thickness is not negligible in regard to other dimensions. The question arises when that is acceptable and what is the numerical error in the evaluation of stress and strain components. From the point of view of experimental techniques an additional but related factor appears namely the real boundary conditions in the regions of acting forces deviate usually from those assumed in the theoretical analysis; it is difficult to realize all boundary conditions according to assumed scheme, especially to ensure that no additional stress and strain components are introduced and that the resultants of the boundary forces are in the plane of symmetry of a model of a two-dimensional body. As a result the assumed stress state represents in fact a simplification of the real one; this simplification may or may not be within acceptable limits, depending on the relation between numerical errors due to simplification, and required accuracy of the test.

Usually the complete evaluation of all stress and strain components is made in photoelastic studies through the use of complementary techniques, such as strain measurements on the model front surfaces and on the boundary surfaces, thickness change measurements, etc. The results of such measurements are applied for evaluation of unknown stress components through the use of analytical relations developed for infinitesimally thin body.

It is known that stress states in physical, thick discs and plates deviate from the two dimensional state and become three-dimensional in the regions of applied forces and in the regions of sharp notches whose curvature radius, ϱ, is in the order of the plate thickness b [32, 33, 34]. Also stress and strain states in the neighbourhood of the applied forces is usually distinctly three-dimensional. It follows that the relations between stress components and strain components governed by HOOKE's law, evaluated for two-dimensional stress state do not describe accurately strain, stress and deformation states in regions of sharp notches and concentrated boundary loads. This problem has been investigated extensively by HILTSCHER and his associates who in papers [35, 36] presented results of investigations and evaluated percentual deviation of the real stress states from the assumed ones. For instance, according to HILTSCHER's results the ratio (diameter/thickness) of the so-called circular creep compensator which is used for evaluating momentary E, ν and s_σ values at the time of recording should be over 6 in order to obtain in the disc centre results deviating less than 2% from results for a two-dimensional circular disc of an infinitesimal thickness.

The use of so-called "distorted models", i.e. flat models having thickness ratio different from ratio of surface dimensions is not compatible with the similarity laws if the curvature radius of model boundary "ϱ" is comparable with the model thickness "b". Distorted models may be used if

$$\frac{b}{\varrho} \ll 1 .$$

6. Concluding remarks

The application of modern measuring and recording techniques mainly based on highly developed electronic systems and highly developed photographic techniques, and the extension of the applicable range of electromagnetic radiation from ultraviolet to microwave region requires a more general presentation of photoelastic phenomena, which constitutes the physical basis of photoelasticity. It is imperative that this presentation be consistent with our present state of knowledge in related fields of science; that is to say that it be based on possibly comprehensive physical models of phenomena under consideration.

On the other hand the engineering requirements are usually influenced by economical factors. From the engineering point of view the best method of achieving required results, such as evaluation of the stress state in an element or optimization of a structure, is that which supplies reliable and sufficiently accurate results with minimal economical effort.

As a result, in many practical applications, the need exists for possible simple photoelastic methods which can supply reliable results in certain ranges, with the accuracy depending on the engineering requirements which may vary from case to case. Due to this it is usually necessary to accept certain simplifying assumptions in order to decrease the number of parameters and to limit the scope of study or test. Such simplifications are acceptable if they are done with purpose, consciously, and are supported by a suitable analysis.

To design a mathematical model of a photoelastic phenomenon without suitable physical basis and then to seek experimental results which would support the assumptions cannot be considered compatible with the classical sequence of events in research work: to uncover a pattern, to explain this pattern, to describe this pattern, to apply this pattern in basic and in engineering research.

Prof. Dr. Jerzy T. Pindera,
University of Waterloo,
Waterloo, Ontario, Canada

Bibliography

[1] Mönch, E., Die Ähnlichkeits- und Modellgesetze bei spannungsoptischen Versuchen. Z. angew. Phys. **1**, Heft 7 (1949) 306–316.

[2] Mindlin, R. D., A Mathematical Theory of Photoviscoelasticity. Journ. of Appl. Physics **20** (1949) 206–216.

[3] Coker, E. G., Filon, L. N. G., A Treatise on Photoelasticity. Second edition, revised by H. T. Jessop. Cambridge University Press (1957).

[4] Born, M., Wolf, E., Principles of Optics. Pergamon Press, New York (1964).

[5] Ambronn, H., Dispersion der Doppelbrechung in zweiphasigen Systemen. Kolloid-Zeitschrift **9** (1911) 147–153.

[6] Mönch, E., Die Dispersion der Doppelbrechung bei Zelluloid als Plastizitätsmaß in der Spannungsoptik. Z. angew. Phys. **6**, Heft 8 (1954) 371–375.

[7] Primak, W., Post, D., Photoelastic Constants of Vitreous Silica and Its Elastic Coefficient of Refractive Index. Journ. of Appl. Physics **30**, No. 5 (1959) 779–788.

[8] Pindera, J. T., Investigations of some rheological photoelastic properties of several polyester resins, Parts 1, 2, 3 (in Polish). Rozprawy Inżynierskie, Vol. III, No. 3, pp. 361–411, No. 4, pp. 481–540, (1959).

[9] Pindera, J. T., Einige rheologische Probleme bei spannungsoptischen Untersuchungen. Internationales Spannungsoptisches Symposium Berlin vom 10.–15. 4. 1961. Akademie-Verlag, Berlin (1962) 155–172.

[10] Pindera, J. T., Rheological Properties of Model Materials, (in Polish). P. W. T. Warszawa (1962). (English translation in manuscript, Waterloo, 1966).

[11] Mönch, E., Die Dispersion der Doppelbrechung als Maß für die Plastizität bei spannungsoptischen Versuchen. Forsch. Ing.-Wes. **21**, Heft 1 (1955) 20–25.

[12] Mönch, E., Der heutige Stand der Photoplastizität. Schweizer Archiv für angewandte Wissenschaft und Technik **25**, Heft 5 (1959) 174–180.

[13] MÖNCH, E., HAUTMANN, TH., Untersuchung einiger Kunststoffe auf ihre Eignung als photoplastisches Modellmaterial. Z. angew. Phys. **11**, Heft 1 (1959) 35–39.

[14] JIRA, R., Das mechanische und spannungsoptische Verhalten von Zelluloid bei zweiachsiger Beanspruchung und der Nachweis seiner Eignung für ein photoplastisches Verfahren. Konstruktion **9**, Heft 11 (1957) 438–449.

[15] LORECK, R., Untersuchung des Polyestergießharzes „Leguval" und einiger anderer Kunststoffe auf ihre Eignung als photoplastisches Modellmaterial. Kunststoffe **52**, Heft 3 (1962) 139–143.

[16] MÖNCH, E., LORECK, R., A Study of the Accuracy and Limits of Application of Plane Photoplastic Experiments. Proceedings of the International Symposium on Photoelasticity, Chicago (1961), edited by M. M. FROCHT, Pergamon Press, New York (1963) 169–184.

[17] PINDERA, J. T., CLOUD, G. L., On Dispersion of Birefringence of Photoelastic Materials. Experimental Mechanics **6**, No. 9 (1966) 470–480.

[18] RAMSPECK, A., Anomalien der accidentellen Doppelbrechung bei Zelluloid. Ann. der Physik **74** (1924) 722–742.

[19] Carl Zeiss, Jena, Metal Interference Filters, Pamphlet No. 32–846–2.

[20] Optical Coating Laboratory, Inc., Effects of the Variation of Angle of Incidence and Temperature on Infrared Filter Characteristics. Technical Report, (May, 1967).

[21] ENGELER, W. E., and others, High sensitivity piezoreflectivity. General Electric Research Laboratory, Report No. 65-RL-(3979G), (June 1965).

[22] KNORR, E., Spannungsoptische Untersuchung von Biegeplatten mit Hilfe schiefer Durchstrahlung. Die Bautechnik **41** (1964) Heft 10, 333–337, Heft 11, 387–391, Heft 12, 407–413.

[23] KOLSKY, H., Nature, p. 235 (1950), and in: H. A. STUART, Die Physik der Hochpolymeren, Bd. 4, Springer-Verlag, Berlin (1956).

[24] HILTSCHER, R., Theorie und Anwendung der Spannungsoptik im elastoplastischen Gebiet. Z. VDI **97**, Nr. 2 (1955) 49–58.

[25] PERSOZ, B., Introduction à l'étude de la rhéology, Dunod, Paris (1960).

[26] PINDERA, J. T., Remarks on Properties of Photoviscoelastic Model Materials. Experimental Mechanics **6**, No. 7 (1966) 375–380.

[27] PINDERA, J. T., KIESLING, E. W., On the Linear Range of Behavior of Photoelastic and Model Materials. 3. Intern. Tagung für Experimentelle Spannungsanalyse, Berlin (1966), VDI-Berichte Nr. 102, VDI-Verlag, Düsseldorf (1966) 89–94.

[28] KIESLING, E. W., PINDERA, J. T., Linear Limit Stresses of Some Photoelastic and Mechanical Model Materials. Canadian Congress of Applied Mechanics, Proceedings, (May, 1967).

[29] READ, B. E., Dynamic Birefringence of Amorphous Polymers. Journal of Polymer Science, Part C, No. 5 (1964) 87–100.

[30] STEIN, R. S., The Optical and Mechanical Properties of High Polymers. U.S. Army Quarter-master Research and Engineering Center. Pioneering Research Division, Research Report, High Polymer Series, No. 14, Natrick, Mass., (1960).

[31] VAN GEEN, R., Contribution à l'étude de l'effect photoélastique, Parts I and II. Dissertation, Presses Universitaires de Bruxelles, (Sept. 1964).

[32] THUM, A., SVENSON, O., Die Verformungs- und Beanspruchungsverhältnisse von glatten und gekerbten Stäben, Scheiben und Platten in Abhängigkeit von deren Dicke und Belastungsart. Forsch. Ing.-Wes., No. 11 (1942).

[33] STERNBERG, E., SADOWSKY, M. A., Three-Dimensional Solution for the Stress Concentration Around a Circular Hole in a Plate of Arbitrary Thickness. Journal of Applied Physics (March 1949) 27–38.

[34] KUSKE, A., Einführung in die Spannungsoptik. Wissenschaftliche Verlagsgesellschaft, Stuttgart (1959).

[35] HILTSCHER, R., Development of the Lateral Extensometer Method in Two-dimensional Photoelasticity. Proceedings of the International Symposium on Photoelasticity, Chicago (1961), edited by M. M. FROCHT, Pergamon Press, New York (1963) 43—56.
[36] HILTSCHER, R., FLORIN, G., STRINDEL, L., Arbeitsanleitung zur spannungsoptischen Messung ebener Spannungszustände mit Polariskop und Lateralextensometer. Die Bautechnik **43**, Heft 2 u. 3 (1966).
[37] CLOUD, G. L., PINDERA, J. T., Techniques in Infrared Photoelasticity. 1967 SESA Spring Meeting, Ottawa. To be published.
[38] PINDERA, J. T., CLOUD, G. L., Extension of Photoelasticity into Longwave Region. 5th U. S. National Congress on Applied Mechanics, Minneapolis, (June 14—17, 1966). To be published.

Untersuchung der partiell belasteten Halbebene mit Hilfe der Spannungsoptik und durch Messung der Querdehnung

P. SCHARLE und A. SZITTNER

1. Aufgabenstellung

Hauptziel der durchgeführten Untersuchungen war die Ermittlung der im Boden unter Gründungskörpern verschiedener Abmessung, Form und Belastung entstehenden Spannungen nach Größe und Verteilung. Die Längenabmessung der in der Praxis oft angewandten Streifengründung unterscheidet sich im allgemeinen in der Größenordnung von der Abmessung in Querrichtung. Dementsprechend bildet sich im Boden ein ebener Deformationszustand aus. Statt der Beobachtung des tatsächlichen räumlichen Spannungszustandes genügt es, den im Querschnitt senkrecht zur Längsachse der Gründung entstehenden ebenen Spannungszustand zu bestimmen. Für diese Untersuchungen wurde die Spannungsoptik in Verbindung mit dem am Lehrstuhl für Stahlkonstruktionen entwickelten pneumatischen Lateralextensometer erfolgreich angewendet.

Abb. 1 zeigt das mathematische Modell der partiell belasteten unendlichen Halbebene. Von der Belastung setzen wir nur voraus, daß sie zur Achse z symmetrisch ist und die Gesamtbelastung stets bekannt ist:

$$Q = \int_{-b}^{b} q(h)\, dh\ .$$

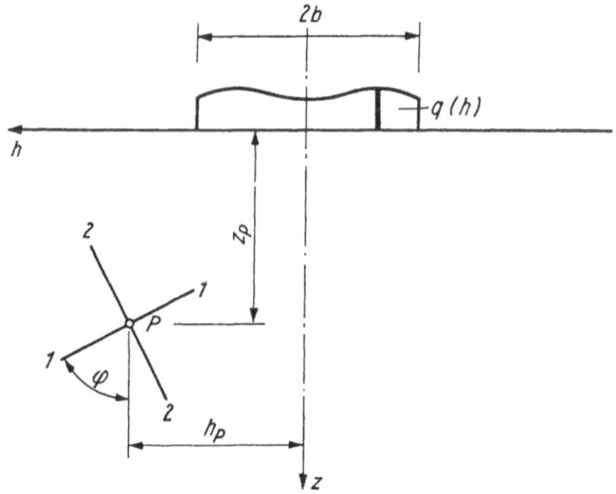

Abb. 1

Dieser Aufsatz entstand am Lehrstuhl für Geotechnik der Technischen Universität Budapest unter der wissenschaftlichen Leitung von Prof. Dr. sc. techn. K. SZÉCHY.

Man kann in einem beliebigen Punkt P den entstehenden Spannungszustand bekanntlich durch drei Größen eindeutig definieren (σ_1, σ_2 und φ oder σ_z, σ_h und τ_{hz}). Wenn die Größe und die Verteilung der Belastung gegeben sind, sind diese Größen Funktionen zweier Variablen. Im allgemeinen ist:

$$\sigma, \tau, \varphi = f(z, h) .$$

Diese Funktionen zweier Variablen sind stetig, einige haben bekannte Werte am freien Rande (σ_z, φ), und nehmen unter dem Belastungsstreifen endliche Werte an.

2. Meßmethoden und Meßgrößen

Mit Hilfe der Spannungsoptik wurden in der Modellebene (Material CR 39, Dicke 1/4″ ≈ 6,35 mm) in jedem Punkt die Hauptspannungsrichtungen ermittelt und die Hauptspannungstrajektorien gezeichnet. Ebenso wurden die Isochromaten ($\sigma_1 - \sigma_2 = \text{const}$) aufgenommen. Die Eichung des Wertes $\Delta\sigma = \sigma_1 - \sigma_2$ wurde mit Hilfe eines Probestabes aus gleichem Material durchgeführt.

Auf Grund der zwei Kurvenscharen (φ, $\Delta\sigma$) ist es im allgemeinen möglich, durch eine der bekannten Auswertemethoden die Spannungsverteilung zu ermitteln. In diesem Falle konnte eine solche Methode wegen Mangel an Randwerten nicht angewendet werden. Die notwendigen Vernachlässigungen und die Belastungsbedingungen hätten die Resultate stark verfälschen können.

Die nötige dritte Angabe wurde durch Messung der Dickenänderung des belasteten Modells von Punkt zu Punkt gewonnen. Die Querkontraktion ist wie bekannt gegeben durch:

$$d' - d = \varepsilon_d \cdot d = - \frac{d}{E} (\sigma_z + \sigma_h) .$$

Die Dickenänderung des Modells wurde mit Hilfe eines pneumatischen Lateralextensometers gemessen (siehe nachfolgenden Aufsatz). Die Dickenänderung erhält man mit diesem Gerät als Druckdifferenz an einer Wassersäule. Den Eichfaktor bestimmt man am einfachsten an einem aus dem gleichen Modellwerkstoff ausgearbeiteten Stab, der einer bekannten Belastung unterworfen ist.

So ist es möglich, mit Hilfe des Lateralextensometers die Spannungssumme und mit Hilfe der Spannungsoptik die Spannungsdifferenz in jedem beliebigen Modellpunkt festzustellen. Dadurch lassen sich die einzelnen Spannungskomponenten einfach ermitteln.

3. Auswertemethode

Zur Aufarbeitung der zur Verfügung stehenden Meßdaten ist die Aufnahme einer Anzahl von Eichkonstanten, Materialkonstanten usw. notwendig. Die Ermittlung sowie der Vergleich dieser Daten bringt immer neue Fehlerquellen mit sich, was unvermeidlich die Genauigkeit der Auswertung vermindert.

Besonders ist es nötig, bei der Angleichung der an verschiedenen Modellen und bei verschiedenen Belastungen gewonnenen Ergebnisse zahlreiche Korrekturen durchzuführen. Eine günstige Eigenschaft des untersuchten Problems ermöglicht jedoch eine große Vereinfachung der Auswertung, und so bekommt man eine gute handliche Datenmenge, die der aus den Isochromaten ableitbaren gleichwertig ist (früher konnte man die Werte von $\Sigma\,\sigma$ nur punktweise verarbeiten, im Gegensatz zu den mit optischen Methoden gewonnenen Isochromaten).

Auf Grund theoretischer Arbeiten (MICHELL, FRÖHLICH usw.) und nach den Meßergebnissen gilt nämlich auf der Symmetrieachse in der Tiefe von $z = 4\,b$ die Beziehung:

$$\sigma_1 = \sigma_z \gg \sigma_h = \sigma_2\,.$$

Mit guter Annäherung ist also dort $\Delta\sigma = \Sigma\,\sigma = \sigma_1$.

Ferner setzen wir voraus, daß die Korrekturfaktoren die ortveränderlichen Spannungen nur so beeinflussen, daß das Verhältnis der Spannungswerte sich nicht ändert. Wenn also die Meßergebnisse Δ_{im} und Σ_{im} im beliebigen Punkt P gegeben sind, so ist:

$$\sigma_1 = \frac{\alpha\,\Sigma_{im} + \beta\,\Delta_{im}}{2} \qquad \text{bzw.} \qquad \sigma_2 = \frac{\alpha\,\Sigma_{im} - \beta\,\Delta_{im}}{2}\,,$$

wo α und β die beiden Korrekturfaktoren darstellen, die für die Ermittlung der wirklichen Spannungswerte nötig sind. Diese Faktoren kann man bei den verschiedenen Spannungsfeldern als konstant ansehen.

Es sei für den Punkt A, welcher in der Tiefe von $z \geqq 4\,b$ auf der Symmetrieachse liegt, die Trajektorie $t(r, \xi)$ gegeben, die mit Hilfe der spannungsoptisch gewonnenen Isoklinen festgestellt wurde. Ferner stehen entlang der Isochromaten die Werte

$$\Delta_{im} = 0, 1, 2, \ldots, n$$

zur Verfügung und ebenso die Menge der von Punkt zu Punkt festgestellten Werte von Σ_{im}. Wenn Hauptspannungssumme und -differenz im Punkt $A\,(4\,b, \pi/2)$ einander gleichgesetzt und mit K bezeichnet werden, so ist

$$\alpha\,\Sigma_{Am} = \beta\,\Delta_{Am} = K\,.$$

Entlang der Trajektorien sind die Hauptspannungsrichtungen bekannt. Wenn wir das Modell längs einer Trajektorie aufschneiden, stehen die sich aus σ_1 ergebenden vertikalen Kraftkomponenten mit der äußeren Belastung im Gleichgewicht. Die realen Werte Σ_{ir} und Δ_{ir} entlang der Trajektorie können mit Hilfe von K ausgedrückt werden:

$$\Sigma_{ir} = \frac{\Sigma_{im}}{\Sigma_{Am}}\,K \qquad \text{und} \qquad \Delta_{ir} = \frac{\Delta_{im}}{\Delta_{Am}}\,K\,.$$

Man kann also längs der Trajektorie die zu ihr senkrechte Hauptspannung berechnen:

$$\sigma_1(\xi) = \frac{\Sigma_{ir} + \Delta_{ir}}{2} = \frac{K}{2}\left(\frac{\Sigma_{im}}{\Sigma_{Am}} + \frac{\Delta_{im}}{\Delta_{Am}}\right).$$

Dieser Ausdruck enthält nur eine Unbekannte, die früher erwähnten Koeffizienten sind herausgefallen. Die spezifische Kraft, die mit der äußeren Belastung im Gleichgewicht steht, ist (mit der Bezeichnung der Abb. 2)

$$dY. = \sigma_1 \frac{\cos \varphi}{\sin (\varrho + \xi)} r \, d\xi ,$$

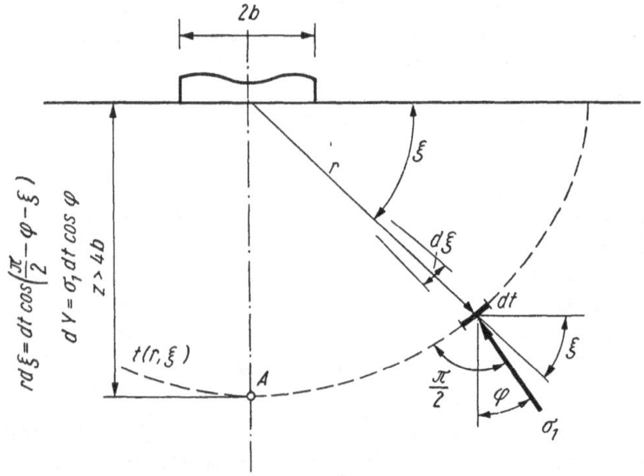

Abb. 2

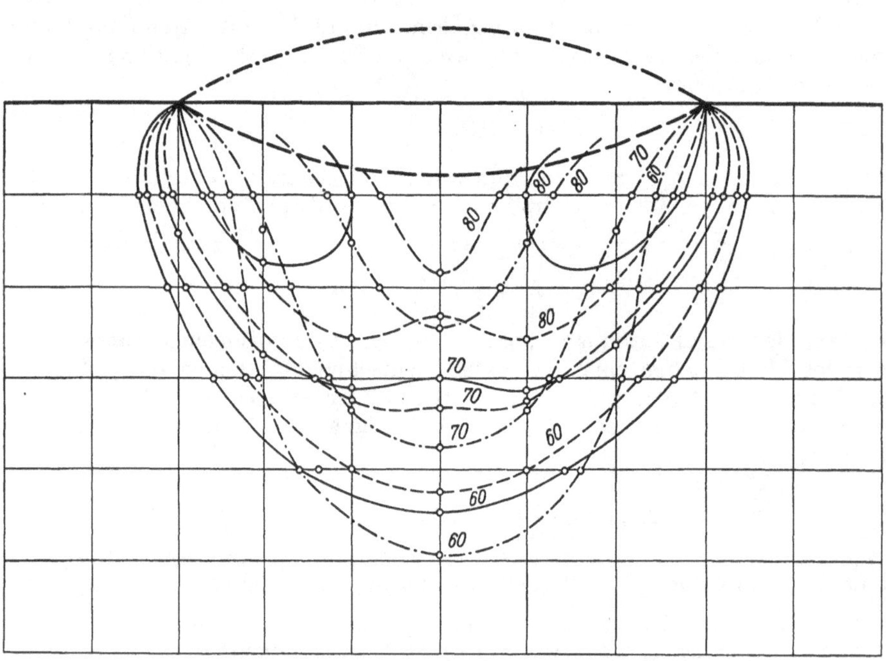

Abb. 3

und selbstverständlich ist:

$$Q = \int_{-b}^{b} q(h)\, dh = 2 \int_{0}^{\pi/2} \sigma_1 \frac{\cos\varphi}{\sin(\varphi + \xi)}\, r\, d\xi\,.$$

Den Wert von Q können wir ein für allemal gleich annehmen. In der Gleichung gibt es nur K als Unbekannte, und so kann man sie ermitteln (am einfachsten graphisch). Mit Kenntnis von K kann man alle Meßergebnisse in natürlichen Einheiten bekommen.

4. Endresultate

Mit Hilfe der erwähnten Auswertungsmethode wurde die Spannungsverteilung in der mit verschiedenen Grundkörperformen (eben, konvex und konkav) belasteten elastischen Halbebene experimentell bestimmt. Die so gewonnenen Spannungsisobaren in Prozent der ursprünglichen Sohlenspannung sind in Abb. 3 wiedergegeben. Man erkennt, daß die Methode zur Feststellung der Feinheiten der Spannungsunterschiede geeignet ist.

Dipl.-Ing. P. Scharle,
Technische Universität Budapest,
Lehrstuhl für Geotechnik

Dipl.-Ing. Antal Szittner,
Technische Universität für Bau- und
Verkehrswesen Budapest,
Institut für Stahlbau

Eine spannungsoptische Apparatur sowie Hilfsmittel zur Untersuchung ebener Probleme

A. SZITTNER

Am Lehrstuhl für Stahlkonstruktionen der Technischen Universität für Bau- und Verkehrswesen Budapest wurde mit Unterstützung der Ungarischen Akademie der Wissenschaften ein modellstatisches Laboratorium vornehmlich zur Untersuchung von Tragkonstruktionen aufgebaut. Neben der Anwendung maßstabsgerechter Modellverfahren wird als geeignetste Methode für die Beobachtung der Spannungsverteilung die Spannungsoptik benutzt. Für diese Untersuchungen hat das Lehrstuhlkollektiv die spannungsoptische Einrichtung und ihr Zubehör selbst entwickelt und in seiner Werkstatt hergestellt.[1]) Aufbau und Einzelheiten dieser Einrichtung sollen nachfolgend beschrieben werden.

Die Grundeinrichtung ist ein Diffuslicht-Polariskop mit Polarisationsfiltern großen Durchmessers. Zur Eliminierung der aus der diffusen Streuung des Lichtes stammenden Fehler und zur besseren Beobachtung von Spannungskonzentrationen wurde zusätzlich eine kleine Projektionseinrichtung entwickelt. Um den bei der rechnerischen Auswertung auftretenden Schwierigkeiten auszuweichen, wurde ferner ein Lateralextensometer mit pneumatischem Meßsystem zur Bestimmung der Hauptspannungssumme gebaut. Zur Ergänzung der genannten Meßinstrumente wurden einige Hilfseinrichtungen angefertigt, deren Aufgabe es ist, die Aufnahme- bzw. Auswertungsarbeit zu erleichtern.

1. Spannungsoptische Apparatur mit Diffuslicht

Die aus U-Stahl hergestellte Bank (Abb. 1) dient zur stabilen Unterstützung der Polarisationsfilter, der Lichtquelle und des für die Photoaufnahmen nötigen Stativs. Ihre Höhe kann man mit Hilfe der an den Füßen befindlichen Löcher und Schrauben justieren. Durch diese Einstellungsmöglichkeit der optischen Bank kann die optische Achse gehoben oder gesenkt und somit der Belastungsrahmen besser ausgenutzt werden.

Die Polarisationsfilter mit einem Durchmesser von 320 mm sind mit Hilfe von speziellen Kugellagern in die Filterstative eingebaut. Die Synchrondrehung des Polarisators und Analysators wurde mechanisch gelöst. Die Befestigung der Synchron-Dreheinrichtung kann an den Filtern verschoben werden, wodurch sich immer eine Möglichkeit zur Umgehung des Modells ergibt.

[1]) Eine bedeutende Hilfe verdanken wir Herrn Professor J. PINDERA, der uns freundlicherweise Zeichnungsunterlagen seines Polariskops überlassen hatte.

Die Polarisationsfilter haben eine Einteilung von 360°, die Ringe der Viertelwellenplatten entsprechend der Kompensationsmethode von Tardy eine Einteilung von zweimal 100 Teilstrichen (Abb. 2). Die Viertelwellenplatten kann man ausbauen bzw. zur Herstellung zirkular polarisierten Lichtes gegen die Polarisationsfilter verdrehen. Zur Kompensation nach der Methode

Abb. 1. Spannungsoptische Bank mit Belastungsrahmen und ausgehobenem Kleinpolariskop

Abb. 2. Polarisationsfilter, Synchron-Dreheinrichtung, Hebelarm zur Herstellung von Druckkräften und Arretierungssystem zur Kompensation nach Tardy

von Tardy kann man die Viertelwellenplatte des Analysators am Filterstativ befestigen; mit Hilfe der Synchron-Dreheinrichtung läßt sich dann die Kompensation durchführen. (Bei dieser Methode bleibt die Viertelwellenplatte des Analysators stehen, die andere Viertelwellenplatte, der Polarisator und Analysator drehen sich synchron.)

Als Lichtquelle wird sowohl weißes als auch monochromatisches Licht (Natriumdampf-Licht) benutzt. Diese Lichtquellen sind auf zwei senkrechten Platten in einem Gehäuse montiert. Das Lampengehäuse ist um die vertikale Achse drehbar. Diese Lösung ermöglicht den ständigen Wechsel der Lichtquellen, was die Arbeit bedeutend erleichtert (das Natriumdampf-Licht braucht man nicht auszuschalten). Das weiße Licht wird von 10 Leuchtröhren mit je 25 W, 60 cm lang, das monochromatische Licht durch eine Natriumdampflampe 140 W (Philips) geliefert.

Der Belastungsrahmen mit einer Öffnung von etwa 650×1000 mm ermöglicht die Untersuchung fast beliebiger ebener Modelle. Der Rahmen ist so steif, daß er Belastungskräfte von 500–600 kp ohne besondere Deformation aufnehmen kann (Abb. 3). Das genaue Bohrungssystem am gesamten Umfang des Rahmens erleichtert die genaue Einstellung des Modells. Die Bohrungen sind an dem Riegel, der das Modell unterstützt, so ausgebildet,

Abb. 3. Belastungsrahmen mit Hebelarm (1:5), mit Einstellschraube und Hebetisch

daß die Lage des Modells in 5 mm-Stufen eingestellt werden kann. Die Belastungskräfte werden über einen Hebelarm mit der Übersetzung 1:5 eingetragen. Zur Einstellung der Lage des Belastungsrahmens dient eine Stellschraube, welche kugelgelagert ist. Die erschütterungsfreie und stufenlose Aufbringung der Belastung wurde mit einem Hebetisch verwirklicht. Die wirkliche Kraftgröße kann man mit einem in die Wirkungslinie der Kraft eingebauten Dynamometer kontrollieren bzw. einstellen. Die mit diesem Hebelsystem herstellbaren Belastungen stellen Zugkräfte dar. Wenn die Modellbelastung eine Druckkraft erfordert, wird ein zweiter Hebelarm mit einer Übersetzung 1:1 dazwischengeschaltet (siehe Abb. 2).

Zur Beobachtung größerer Modelle läßt sich der Belastungsrahmen in waagerechter Richtung mittels einer Spindel verschieben (s. Abb. 1). Das auf die optische Bank aufsetzbare Photostativ ist sowohl in Längsrichtung als auch in geringem Maße in Quer- und lotrechter Richtung verschiebbar.

Als Hilfseinrichtung sei besonders ein photographierbarer Datenanzeiger erwähnt. Bei vielen Photoaufnahmen bereitet die Identifizierung der Aufnahmen immer eine Schwierigkeit. Diese Arbeit wird durch ein Projektionssystem erleichtert, das auf dem Analysator-Ring befestigt werden kann (Abb. 4). An diesem über ein Spiegelsystem beleuchteten Datenanzeiger kann man die Richtung der Filter, die Belastung des Modells und die Lage der Viertelwellenplatten einstellen und gleichzeitig mit dem Modell aufnehmen. Die Scharfeinstellung der Daten kann mit Hilfe des Spiegelsystems vorgenommen werden.

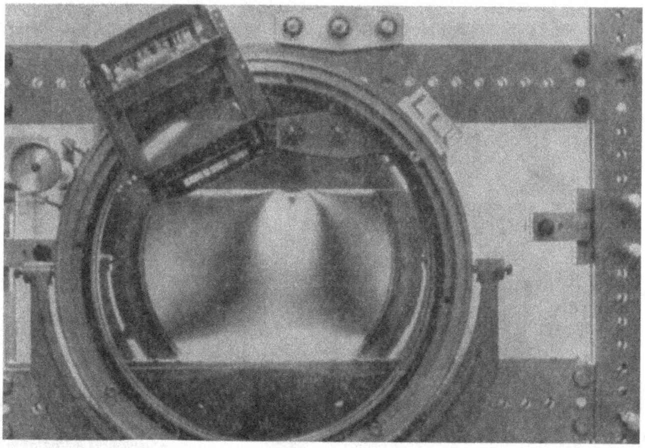

Abb. 4. Aufnahme eines Modells der elastischen Halbebene mit Datenanzeiger am Analysator

2. Spannungsoptische Projektionseinrichtung (Kleinpolariskop)

Um die auch bei Anwendung einer Teleoptik begrenzte Aussagekraft des Diffuslicht-Polariskops zu erhöhen, wurde für genauere Untersuchungen ein kleines Polariskop mit parallelem Strahlengang von 60 mm Durchmesser entwickelt. Mit diesem Polariskop, das in die oben beschriebene Anlage einschwenkbar ist (Abb. 5, s. auch Abb. 1), können Untersuchungen sowohl im linear polarisierten als auch im zirkular polarisierten Licht durchgeführt werden.

Dieses Polariskop kann mit Hilfe einer Spindel in lotrechter Richtung und mit einem anderen Spindelpaar in waagerechter Richtung beliebig verschoben werden. Den Bewegungsmechanismus erkennt man auf Abb. 6. In der einen Stellung des Umschalthebels werden die Spindeln der Paare $a_1 - b_1$ bzw. $a_2 - b_2$, die jeweils auf die Zahnkränze der Filterfassungen wirken, in derselben Drehrichtung bewegt. In diesem Fall wandern die Polarisationsfilter translatorisch relativ zum Modell. In der anderen Stellung des Umschalthebels bewegen sich die Spindeln paarweise entgegengesetzt und drehen somit die Polarisationsfilter in ortsfester Lage.

Als Lichtquelle dient eine punktförmige Autolampe (12 V) mit entsprechendem Kondensor. Das Modell wird mit Hilfe einer Projektionslinse auf einen Schirm (Mattscheibe oder Zeichenbrett) projiziert. Die Vergrößerung des

Systems ist etwa 5:1. Diese Vergrößerung kann man durch Verschiebung von Linse und Schirm in geringem Maße ändern. Das so gewonnene Bild ist ein Spiegelbild, das man nötigenfalls umdrehen kann. Statt der einfachen Projektion ist es häufig vorteilhafter, die Spiegelprojektion anzuwenden. Damit bekommt man ein seitenverkehrtes, aber aufrechtes Bild auf einem Schirm, der über dem Analysator aufgebaut ist. Mit einem metallbedampften Spiegel erhält man einen verhältnismäßig kleinen Lichtverlust.

Abb. 5. Eingedrehtes Kleinpolariskop mit Spiegel und Bildschirm.
(Im Belastungsrahmen ist das Modell eines 24-stöckigen Hochhauses)

Zur Aufnahme der Isochromaten kann man statt weißen Lichtes eine Natrium-Spektrallampe einbauen. Eine Kompensation ist mittels eines Berek-Kompensators möglich, der mit seinem kleinen Durchmesser eine bessere Beobachtung der untersuchten Punktumgebung gestattet.

3. Pneumatisches Lateralextensometer

Da die rechnerischen Auswerteverfahren zur vollständigen Bestimmung des Spannungszustandes nicht immer einfach und sicher zu handhaben sind, besonders bei Aufgaben ohne Rand bzw. ohne freien Rand, ist es zweckmäßig, ein weiteres Meßverfahren hinzuzuziehen, das eine Information über die Hauptspannungssumme liefert. Mit dieser dritten Angabe kann man die einzelnen Spannungsgrößen des ebenen Spannungszustandes von Punkt zu Punkt einfach ermitteln. Die Bestimmung der Hauptspannungssumme ist durch Messung der ihr proportionalen Dickenänderung auf optischem oder mechanischem Weg möglich. Das optische Verfahren benötigt ein empfindliches Meßinstrument und ein sehr sorgfältig vorbereitetes Modell. Die Auswertung ist mit Hilfe der Moiré-Methode sehr anschaulich.

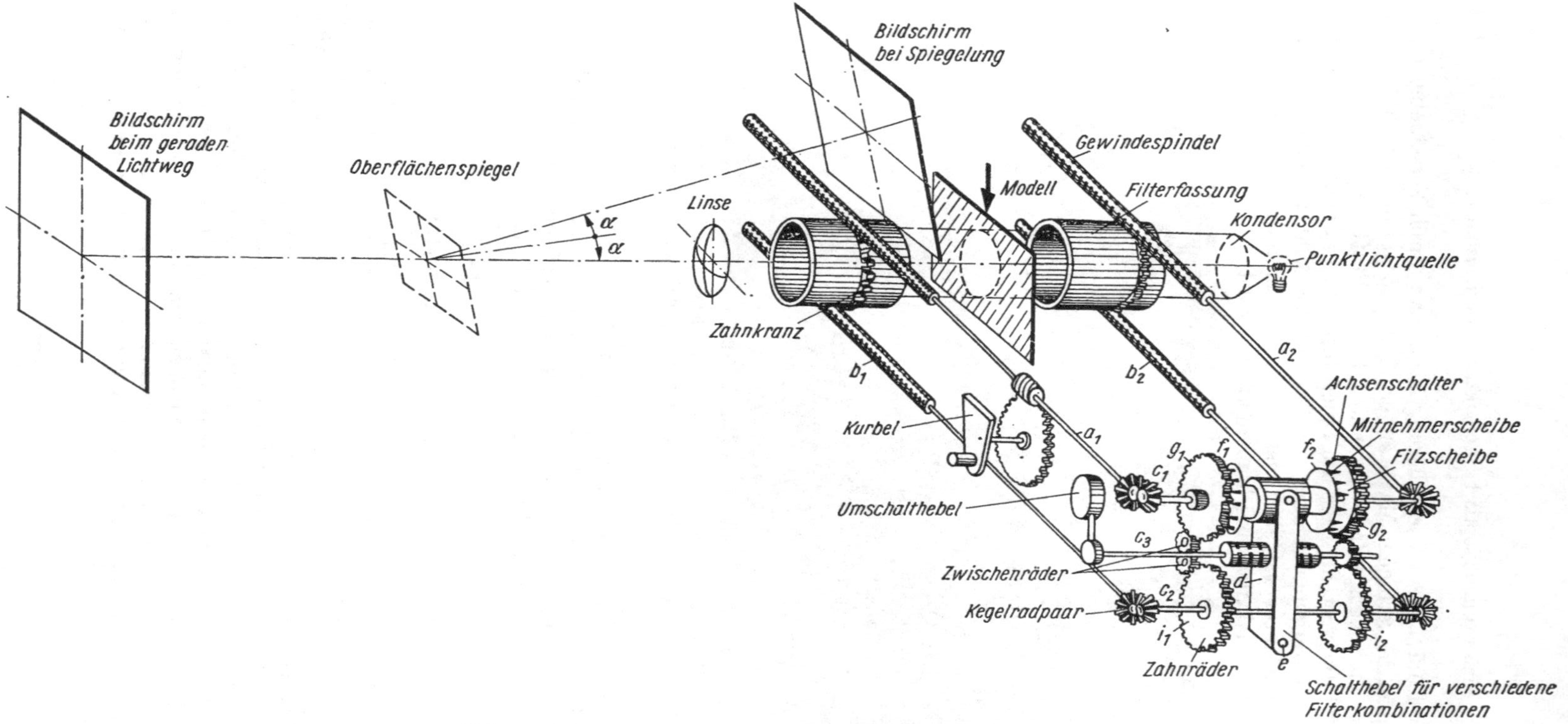

Abb. 6. Aufbau des Kleinpolariskops, Bewegungsmechanismus

Die Methode der Messung von Dickenänderungen auf mechanischem Wege wurde von HILTSCHER entwickelt. Am Lehrstuhl wurde als Ergänzungsteil zur spannungsoptischen Einrichtung ein Lateralextensometer gebaut, das ein pneumatisches Meßsystem besitzt.

Das Prinzip des Lateralextensometers basiert auf den Grundgleichungen der Festigkeitslehre. Bei einem ebenen Spannungszustand ist die spezifische Dickenänderung gegeben durch:

$$\varepsilon_3 = \frac{\Delta v}{v} = -\frac{\nu}{E}(\sigma_1 + \sigma_2),$$

wo σ_1 und σ_2 die beiden Hauptspannungen, v die Dicke der Modellscheibe, ν und E Materialkonstanten sind. Führt man ein $-E/\nu = k$, so ist:

$$\sigma_1 + \sigma_2 = k \cdot \varepsilon_3 = k \frac{\Delta v}{v}.$$

Die Konstante k kann man experimentell bestimmen.

Bei der Ausführung der bisher bekannten Lateralextensometer besteht das Instrument aus dem elastischen Rahmen und aus dem Meßwertgeber (eventuell mit Verstärker), der die Dickenänderung des Modells aufnimmt. Abb. 7a stellt das Lateralextensometer von HILTSCHER dar, mit dem eingebauten Mikrokator von JOHANSSON, Abb. 7b und 7c zeigen den von MÜLLER und WEBER vorgeschlagenen Bügel, der mit Dehnungsmeßstreifen bzw. mit induktivem Geber arbeitet. Die Empfindlichkeit der Extensometer liegt nach Literaturangaben bei $(\sigma_1 + \sigma_2)_{min} = 0{,}2 - 0{,}4$ kp/cm², die im allgemeinen ausreichend ist. Gewisse Schwierigkeiten ergeben sich beim Messen mit diesen Instrumenten aus ihrem verhältnismäßig großen Gewicht und bei der Fixierung der Meßpunkte.

Das Meßprinzip pneumatischer Meßinstrumente ist bekannt. Es besteht darin, daß die Luftmenge $(d_1^2 \pi v_1/4)$, die unter einem konstanten Wasserdruck von 500 mm steht und durch eine Düse vom Durchmesser d_1 mit einer Ge-

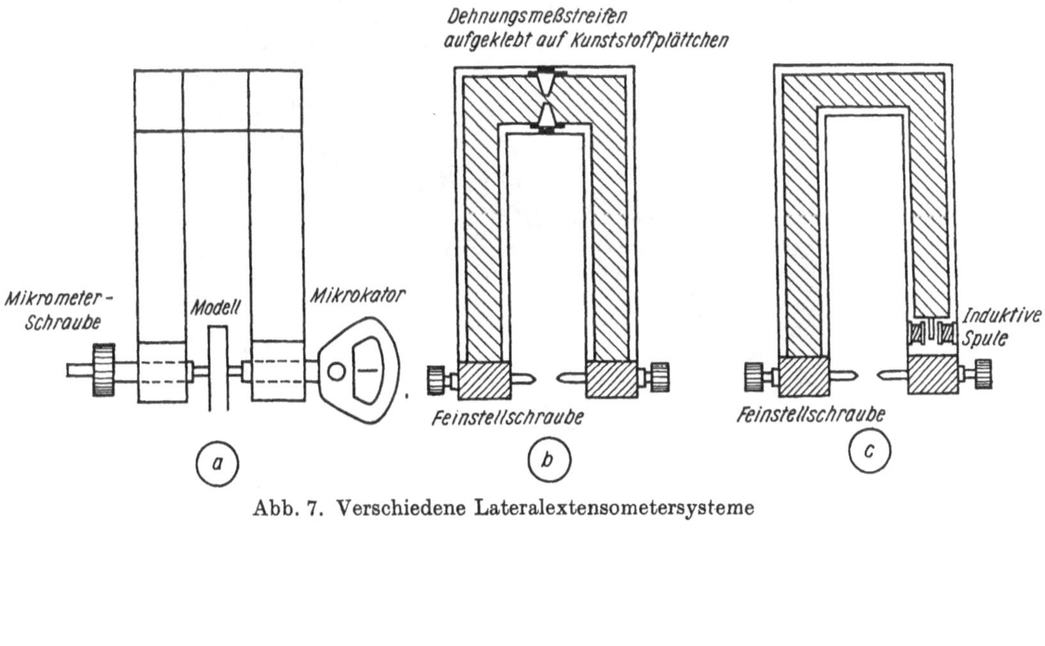

Abb. 7. Verschiedene Lateralextensometersysteme

schwindigkeit v_1 fließt, gleich ist der Luftmenge, die durch eine Meßdüse vom Durchmesser d_2 und einem um Δs veränderlichen Spalt mit der Geschwindigkeit v_2 fließt ($d_2 \pi s v_2$). Da die Geschwindigkeiten v_1 und v_2 nach dem Satz von BERNOULLI den am Wassermanometer erhaltenen Druckänderungen proportional sind, kann man sie an der Millimetereinteilung des Manometers ablesen. Die Druckänderung ist etwa bis 0,85 h_1/h_2 linear. Daher kann man mit dem Meßinstrument im Wasserdruckbereich von 300—420 mm arbeiten (Abb. 8).

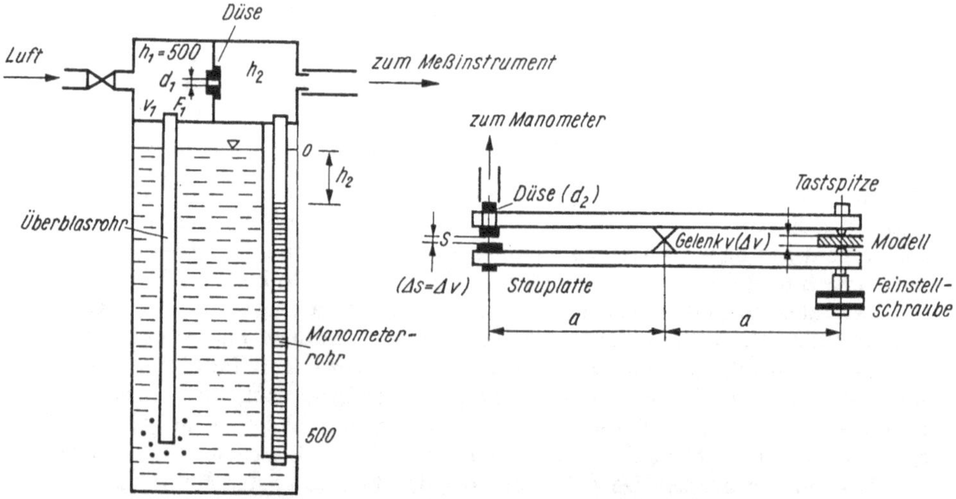

Abb. 8. Betriebsentwurf des pneumatischen Lateralextensometers

Abb. 9. Verschiedene Ausführungsformen des pneumatischen Lateralextensometers mit Feinstellschrauben und mit Aufhängebolzen

Bei unserem Gerät wurden die Düsen zu $d_1 = 0{,}3$ mm und $d_2 = 2{,}0$ mm gewählt, das Verhältnis d_2/d_1 und von der pneumatischen Vergrößerung ist also ziemlich hoch. Die ursprüngliche Vergrößerung von 50000:1 kann man eventuell noch weiter mit einer mechanischen Übersetzung steigern. Die zum Betrieb des Instruments nötige Luft wird einem Druckbehälter entnommen. Die Meßdüse und die Stauplatte sind an einem Meßarmpaar befestigt, dessen Schenkel gelenkig miteinander verbunden sind (Abb. 9). Am anderen Ende des Meßarmes befindet sich die Tastspitze, die der Dickenänderung folgt. Dazu trägt auch die Spiralfeder bei, die an der Meßdüse eingebaut ist. Ist das

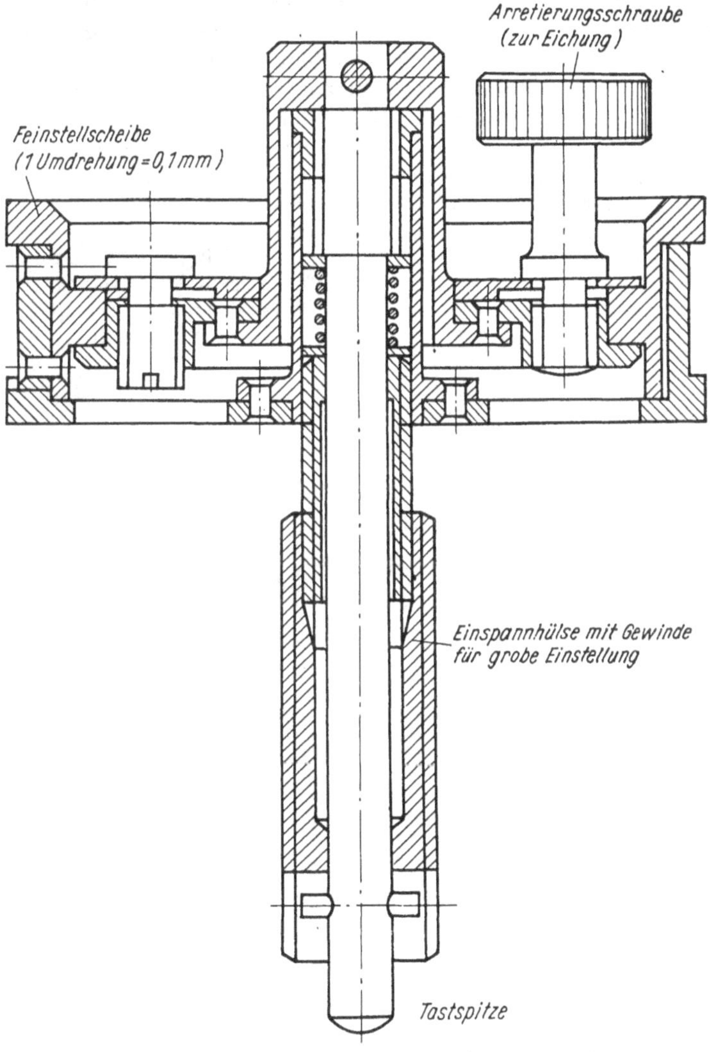

Abb. 10. Feinstell-Differentialschraube mit einer Gewindehöhe von 0,1 mm

Gelenk in der Mitte zwischen Tastspitze und Meßdüse eingebaut, so ist die mechanische Vergrößerung 1:1. Die erreichbare Empfindlichkeit von 0,3 bis 0,5 kp/cm^2 bei 100 mm langen Armen ist für die meisten praktischen Aufgaben ausreichend. Für Messungen an randnahen Punkten kann man das Verhältnis der Arme ändern und damit die Vergrößerung noch steigern, wie die unteren Ausführungen von Abb. 9 zeigen. Die mechanische Vergrößerung ist bei diesen Geräten 2:1 bzw. 4:1, die wirkliche Vergrößerung kann daher 100000:1 bzw. 200000:1 betragen. In Abb. 10 ist die Ausbildung der Tastspitze wiedergegeben. Sie ist mit einer Differentialschraube einstellbar, die eine Ganghöhe von 0,1 mm hat. Damit ist eine leichte, schnelle und dem linearen Meßbereich angepaßte Einstellung der Meßdüse möglich.

Das Instrument hängt während der Messung an einer Schnur. Sein Gewicht ist etwa 200 p. Die Eichung des Instruments geschieht ähnlich wie bei den anderen Typen von Lateralextensometern zusammen mit der Messung der spannungsoptischen Konstanten an Zug- oder Druckproben.

Die Grundbedingungen für eine fehlerfreie Funktion des Instruments sind seine ruhige und senkrechte Einstellung zur Modelloberfläche, mehrmalige Wiederholung der Meßreihe und schnelles Messen.

Dipl.-Ing. Antal Szittner,
Technische Universität für Bau- und Verkehrswesen Budapest,
Institut für Stahlbau

Mechanische und spannungsoptische Eigenschaften von Epilox EGK 19 mit dem Weichmacher Thioplast G 3

K. Ullmann

Einleitung

Die Verarbeitung bestimmter spannungsoptischer Werkstoffe unter Zusatz von Weichmachern dient einerseits zur Erzeugung von Modellen mit kleinem Elastizitätsmodul [1] oder unterschiedlichen Elastizitätsmoduln [2] und anderseits zur modellmäßigen Wiedergabe viskoelastischer Vorgänge [3]. Über die Untersuchung geeigneter Werkstoffe liegen eine Reihe von Arbeiten vor. Daniel [4] beschrieb die mechanischen und optischen Eigenschaften von weichem Polyvinylchlorid. Kufner [2] untersuchte Araldit-Gießharze unter Zugabe verschiedener Weichmacher. Heymann [5] modifizierte das Epoxidharz Epilox EG 1 mit Dibutylphthalat, einem äußeren Weichmacher. Als innerer Weichmacher für Epoxidharze ist aus der inländischen Produktion der Polysulfidkautschuk Thioplast (früher: Dolacol) bekannt [6]. Buser [7] beschrieb die Zugfestigkeit und verschiedene technologische Prüfungen von kalthärtenden Epoxidharzen unter Zugabe von Thioplast. Hier sollen die mechanischen und spannungsoptischen Eigenschaften von Epilox EGK 19 mit Thioplast G 3 in Abhängigkeit von Last und Zeit untersucht werden.

1. Versuchstechnik

1.1. Wahl des Belastungsfalles

Die genaue Untersuchung der Zeitabhängigkeit von Elastizitätsmodul und spannungsoptischer Konstante geschieht geeigneterweise in einem einachsigen Zugversuch. Das homogene Spannungsfeld des Zugstabes gestattet gegenüber dem Biegeversuch eine exakte Auswertung der Versuchsdaten. Die Auswertung des Biegeversuches bereitet bei Werkstoffen mit niedrigem oder spannungsabhängigem Elastizitätsmodul Schwierigkeiten, weil in diesen Fällen keine exakten theoretischen Lösungen zur Verfügung stehen bzw. diese wiederum von den gesuchten Werkstoffkenngrößen abhängen würden.

Der Biegeversuch schränkt zwar die Vielzahl der Zugversuche ein, da er ein Spektrum von Zug- und Druckstufen in einem Stab vereint. Aus der nichtlinearen Verteilung von Dehnung und Isochromaten über der Stabhöhe kann jedoch nicht unmittelbar deren Proportionalitätsabweichung zur Spannung beurteilt werden, da die Spannungsverteilung über der Stabhöhe selbst nichtlinear ist. Hiltscher [8] nimmt deshalb eine Spannungskorrektur durch einen „Krümmungsfehler" vor, die auf der Theorie des kreisförmig gekrümmten Stabes beruht. Da der Stab bei endlicher Durchbiegung, abweichend von dieser

Theorie, im unbelasteten Zustand eine gerade Form besitzt, müßte beispielsweise auch die Dicken- bzw. Querschnittsänderung Berücksichtigung finden. Eine Abschätzung des „Querschnittsfehlers" zeigt, daß dieser mit umgekehrtem Vorzeichen etwa gleich dem „Krümmungsfehler" ist. Es sei in diesem Zusammenhang auf die Arbeit von VOCKE [9] verwiesen.

PINDERA [10] benutzt einen Zugstab mit linear veränderlicher Breite bei einem Schrägungswinkel von 7°. Der Stab konstanter Breite besitzt demgegenüber den Vorteil, daß zur Dehnungsmessung eine endlich lange Bezugsstrecke zur Verfügung steht.

Beim Zugversuch können Bruchteile einer Isochromatenordnung nur mittels eines Kompensationsverfahrens bestimmt werden. Die für das Kompensieren benötigte Zeit (5 bis 10 s) ist unerheblich, wenn sich die Untersuchung nicht auf kurze Zeiten (unter 5 min) erstreckt, und kann bei der Zeitmessung berücksichtigt werden.

1.2. Herstellung der Proben

Vorversuche ergaben, daß eine deutliche Abnahme des Elastizitätsmoduls bei etwa 50% Weichmacheranteil eintritt. Als obere Grenze wird für Gießzwecke eine Zugabe von 100% Weichmacher empfohlen [6]. Für die Versuche wurden Stäbe mit 50% bis 100% Weichmacher in Stufen zu 10% gegossen. Die Angabe des Weichmacheranteiles bezieht sich auf die eingewogene Harzmasse. So bedeutet z. B. ein Stab aus WT 80, daß 100 g Epilox EGK 19 mit 80 g Thioplast G 3 (SH-Gehalt = 6,92%[1])) und 11 g Härter 3 verarbeitet wurden. Die Härtermenge blieb auf das Harz bezogen stets gleich.

Die benutzte Gießform bestand aus einer horizontal ausgerichteten Glasplatte, auf die mittels Duosan-Rapid Distanzleisten aus PCV aufgeklebt waren. Die freien Stellen der Glasplatte wurden dünn mit Silikonfett bestrichen. Es empfiehlt sich, zuerst Harz und Weichmacher innig zu mischen und dann den Härter einzurühren, da infolge der exothermen Reaktion bereits nach 10 min eine Gelierung eintreten kann, die das Abgießen vereitelt. Auch eine Kühlung im Wasserbad zeigte wenig Erfolg. Es sollten daher nur geringe Mengen (unter 100 g) verarbeitet werden. Obwohl das Thioplast G 3 relativ dünnflüssig ist (nach [6]: $3 \cdot 10^3$ bis $8 \cdot 10^2$ cP), bilden sich beim Rühren viele kleine Luftblasen, die allerdings in einem Vakuum von 5 bis 10 Torr zerplatzen. Die Entlüftung erfolgte unter einem Exsikkator mit angeschlossener Vakuumpumpe[2]). Sie äußert sich durch eine starke Schaumbildung. Nach dem Zerplatzen der Blasen kann vorsichtig belüftet und abgegossen werden. Auf die gleiche Art gelang es, blasenfreie Folien von 2 mm Dicke im Format 200×200 mm² zu gießen, die auf eine konstante Dicke von 1 mm gefräst wurden (Toleranz 0,01 mm).

Nach einer Härtung von 24 Std. bei Raumtemperatur wurde entformt und 2 Std. bei 90 °C nachgehärtet [6]. Dabei ist auf eine ebene Auflage zu achten,

[1]) Die kettenförmigen Thioplast-Moleküle tragen an ihren Enden SH-Gruppen, deren Oxydation zu Disulfidbrücken ein hochmolekulares, kautschukartiges Produkt ergibt. Der SH-Gehalt kennzeichnet die Kettenlänge, die bei der Herstellung steuerbar ist.

[2]) Hersteller: VEB Labortechnik Ilmenau/Thüringen, Typ VE 3, Saugvermögen 3,6 m³/h, Enddruck $5 \cdot 10^{-3}$ Torr.

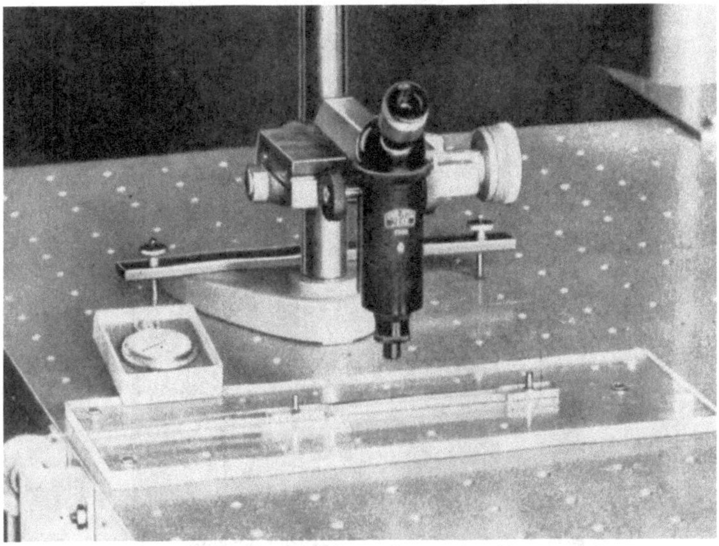

Abb. 2. Mikroskop-Meßanordnung für Zugversuche

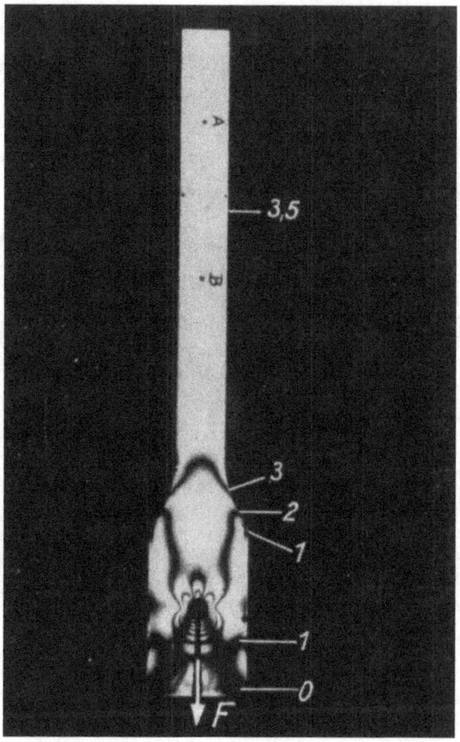

Abb. 3. Isochromaten-Aufnahme
der Probe WT 70

da bei den Stäben aus WT 50 bzw. WT 60 Spannungen einfrieren können. Die Gießlinge sind transparent und heller als Harz und Weichmacher in flüssiger Form. Auf einer Werkzeugfräsmaschine erfolgte die Herstellung der endgültigen Probenform, Abb. 1. Es traten keine Bearbeitungsspannungen auf.

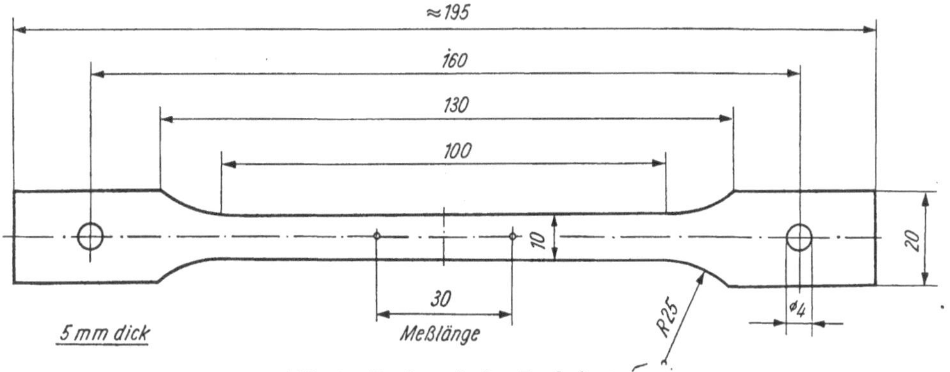

Abb. 1. Probestab für Zugbelastung

1.3. Meßeinrichtungen

Die Dehnungsmessung erfolgte durch direktes Ausmessen der Abstände von Bezugspunkten der Proben. Hierzu wurde der optische Teil eines ZEISS-Meßmikroskopes am beweglichen Tisch befestigt, Abb. 2, Tafel 14. Die Ablesegenauigkeit betrug 0,01 mm. Die horizontal angeordneten Proben wurden über eine Rolle durch Gewichte belastet. Eine Ölschicht zwischen Probe und Plexiglasunterlage unterdrückte die Reibung. Unterlage und Mikroskop wurden auf einer steifen Platte aus einer Aluminium-Gußlegierung montiert.

Zur Bestimmung der Isochromatenordnungen diente ein Diffuslicht-Polariskop, in dem der Stab senkrecht aufgehängt und durch Gewichte belastet wurde. Das Kompensationsverfahren nach SÉNARMONT [11] erlaubte eine Meßgenauigkeit von 1/50 Ordnung. Abb. 3, Tafel 15, zeigt das Isochromatenbild der Probe aus WT 70.

2. Versuchsergebnisse

2.1. Zeitabhängigkeit von Verformungsmodul und spannungsoptischem Koeffizienten

Da alle Proben starkes mechanisches bzw. optisches Kriechen aufwiesen, wurde wie in [2] der zeitabhängige Elastizitätsmodul als Verformungsmodul V bezeichnet und vom spannungsoptischen Koeffizienten S gesprochen.

Abb. 4 zeigt die Zeitabhängigkeit des Verformungsmoduls V bei konstanter Last für die Proben aus WT 50 bis WT 100 und vergleichsweise für Thioplast G 2. Das Thioplast G 2 (Viskosität nach [6]: 10^4 bis $3 \cdot 10^3$ cP) wurde mit dem zugehörigen Braunsteinhärter verarbeitet. Der kritische Bereich, in dem eine geringe Zunahme des Weichmacheranteils eine starke Abnahme von V bewirkt, liegt zwischen WT 50 und WT 60. Während der Verformungsmodul von WT 50

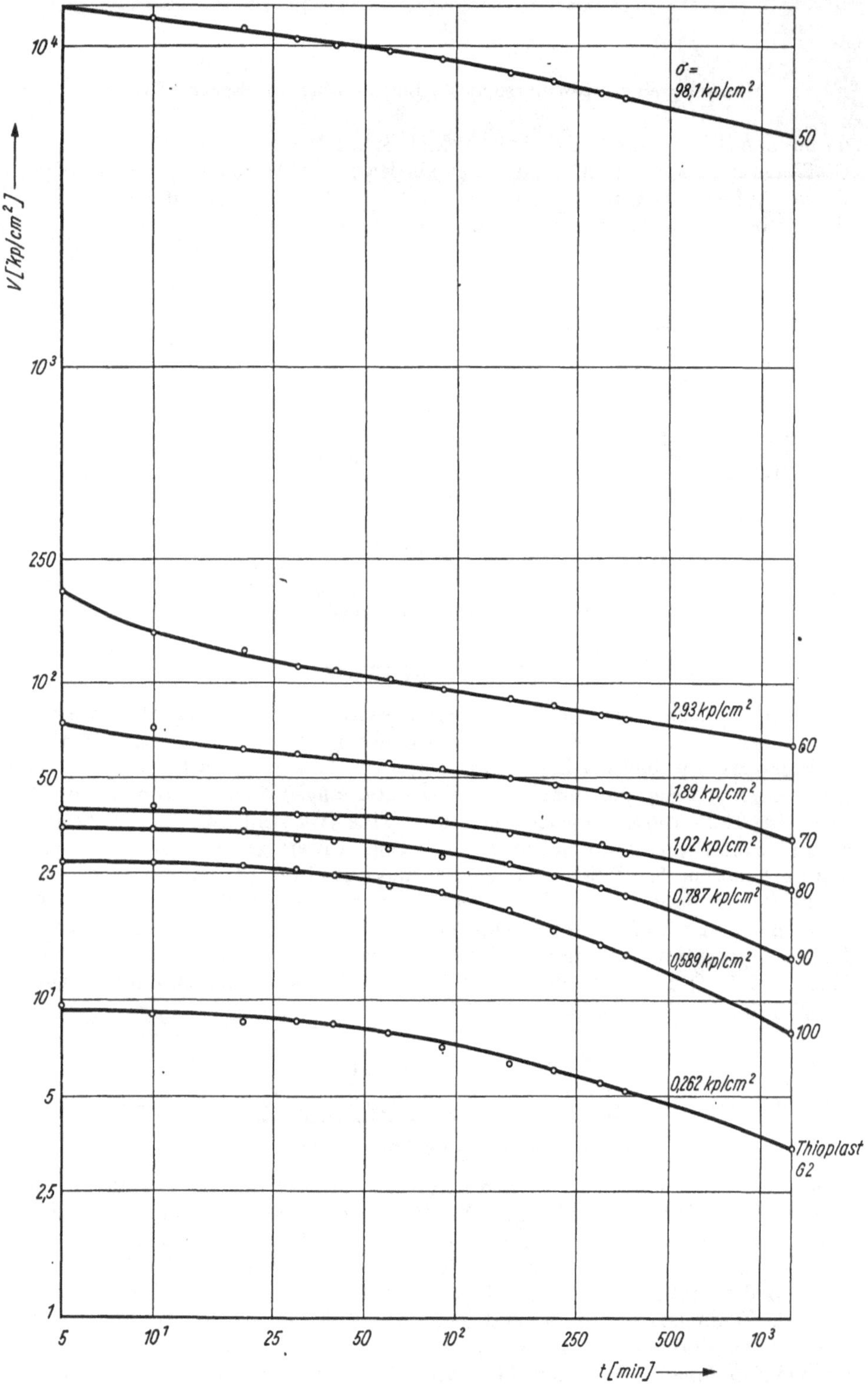

Abb. 4. Verformungsmodul V von elastifiziertem Epoxidharz, ermittelt an Zugstäben unter konstanter Last:
$T = 25$ °C, 100 Gewichtsteile Epilox EGK 19 mit 11 Gewichtsteilen Härter 3, Gehalt an Thioplast G 3 in Gewichtsteilen als Parameter

bis WT 70 bei logarithmischer Auftragung durch eine abfallende Gerade genähert werden kann, ist er für die Proben WT 80 bis WT 100 im Bereich zwischen 5 min und 30 min näherungsweise konstant.

Die Bestimmung der spannungsoptischen Koeffizienten erfolgte unter jeweils gleicher Belastung nach einer Erholungszeit von 35 Tagen. Abb. 5 zeigt, daß das optische Kriechen mit zunehmendem Weichmacheranteil abnimmt und der spannungsoptische Koeffizient gegen die Schranke $S = 0{,}2$ kp/cm konvergiert. Der spannungsoptische Koeffizient der Probe WT 100 ist schließlich zeitunabhängig.

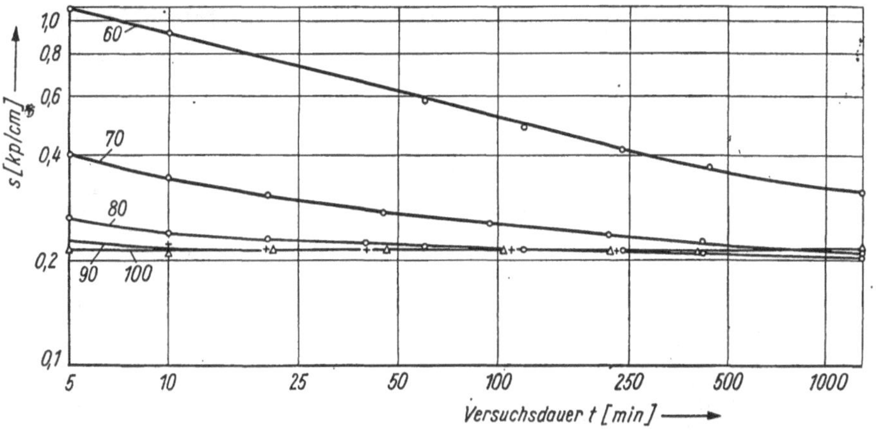

Abb. 5. Spannungsoptischer Koeffizient S von elastifiziertem Epoxidharz, ermittelt an Zugstäben unter konstanter Last; $\lambda = 589{,}3$ nm, $T = 22$ °C, 100 Gewichtsteile Epilox EGK 19 mit 11 Teilen Härter 3, Gehalt an Thioplast G 3 in Gewichtsteilen als Parameter.

Die Erscheinung, daß ein Werkstoff im Kriechversuch trotz erheblicher Zunahme der Dehnung keine Änderung der Isochromatenordnung zeigt, ist aus der Literatur [2, 4, 5, 8, 12, 13] nicht bekannt. Sie bedeutet, daß in diesem Fall die Doppelbrechung nur von der Spannung abhängt. Das bestätigt auch das Verschwinden der Isochromaten unmittelbar nach der Entlastung. Diese Erscheinung ermöglicht eine *getrennte* experimentelle Analyse von Dehnungs- und Spannungszustand durch Anwendung der Spannungsoptik und eines Dehnungsmeßverfahrens (wie z. B. das Moiréverfahren). Dies ist notwendig, wenn der Zusammenhang zwischen beiden Zuständen unbekannt ist, wie bei bestimmten viskoelastischen Problemen.

Durch Ergänzung des Mikroskopes mit Filter und Phasenplatte war es auch möglich, Dehnung und Isochromatenordnung im gleichen Versuch zu bestimmen. Die Meßgenauigkeit betrug dabei $^1/_{20}$ Ordnung. Entsprechende zusätzliche Kriechversuche mit den Proben WT 90 und WT 100 von 500 min Dauer bestätigten das beschriebene mechanische und optische Verhalten. Weiterhin wurde der Erholungsvorgang dieser Proben verfolgt. Die Erholungsdauer, die die Proben benötigten, um ihre Anfangslänge zu erreichen, war bei der Probe WT 90 gleich der 15fachen, bei der Probe WT 100 gleich der 22fachen Belastungszeit.

2.2. Proportionalität zwischen Spannung und Dehnung bzw. Isochromatenordnung

Die Proportionalität zwischen Spannung und Dehnung bzw. Doppelbrechung zu einem beliebigen Zeitschnitt kennzeichnet einen linear viskoelastischen Werkstoff [14]. Diese Proportionalität wurde für die Proben WT 60 bis WT 100 nach jeweils 10 min konstanter Belastung geprüft. Zwischen den verschiedenen Laststufen lag eine Erholungszeit von 1300 min, in der die Dehnung der Proben auf Null zurückging. Bei den Proben WT 80 bis WT 100 herrscht im untersuchten Bereich Proportionalität zwischen Spannung und Dehnung, Abb. 6. Die Proben WT 60 bzw. WT 70 zeigen ab 2,5% bzw. 3,5% Dehnung nichtlineares Verhalten.

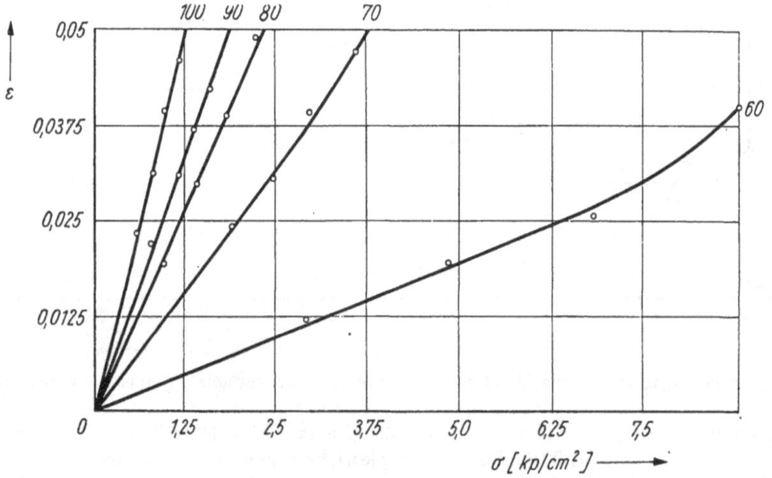

Abb. 6. Spannungs-Dehnungs-Verhalten von elastifiziertem Epoxidharz, ermittelt an Zugstäben nach 10 min konstanter Belastung;
$T = 22$ °C, Erholungszeit zwischen den Laststufen: 1300 min, 100 Gewichtsteile Epilox EGK 19 mit 11 Gewichtsteilen Härter 3, Gehalt an Thioplast G 3 in Gewichtsteilen als Parameter

Abb. 7 zeigt die Abhängigkeit des Isochromatenwertes von der Spannung. Auch hier gilt für die Proben WT 80 bis WT 100 im untersuchten Bereich ein linearer Zusammenhang. Teilweise nichtlinear verhalten sich wiederum die Proben WT 60 bzw. WT 70 ab der 3. bzw. 4. Ordnung (Stabdicke 5 mm).

2.3. Weitere Eigenschaften

An einer Probe aus WT 80 erfolgten im Zeitraum von 5 Monaten mehrere Messungen des Verformungsmoduls nach 5, 10, 20 bzw. 60 min Belastung. Es konnte dabei keine Tendenz zur Versprödung des Stoffes festgestellt werden. Im Gegensatz dazu zeigt das mit Dibutylphthalat modifizierte Epilox EG 1 [5] eine Nachhärtung, die durch das Diffundieren des Weichmachers erfolgt.

Den Randeffekt nach einer Lagerungsdauer von 115 Tagen gibt Tabelle 1 an. Die Poissonsche Konstante der untersuchten Proben betrug etwa $\nu = 0{,}5$.

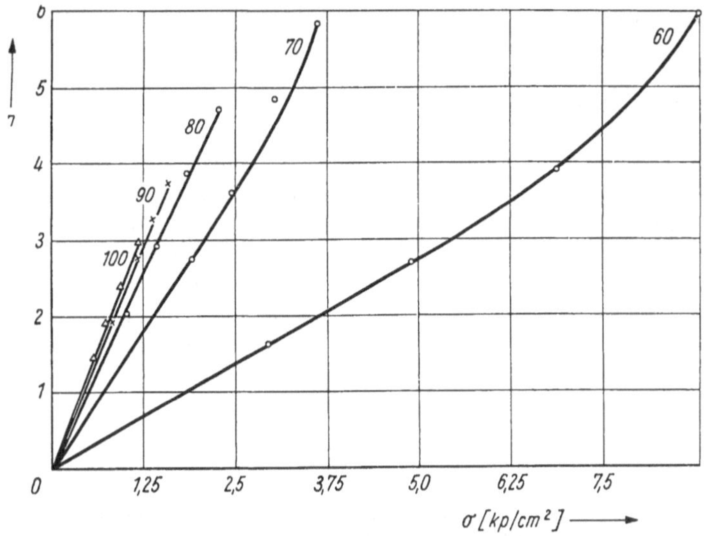

Abb. 7. Spannungs-Isochromatenverhalten von elastifiziertem Epoxidharz, ermittelt an Zugstäben nach 10 min konstanter Belastung;
$\lambda = 589{,}3$ nm, $T = 22$ °C, Erholungszeit zwischen den Laststufen: 1300 min, 100 Gewichtsteile Epilox EGK 19 mit 11 Gewichtsteilen Härter 3, Gehalt an Thioplast G 3 in Gewichtsteilen als Parameter

Tabelle 1
Randeffekt nach einer Lagerung von 115 Tagen bei Raumtemperatur

Probe	WT 60	WT 70	WT 80	WT 90	WT 100
Randeffekt (Ordnung)	0,10	0,08	0,07	0,05	0,00

Weitere Versuche ergaben, daß sich der Verformungsmodul bei Verwendung des Härters P 1 (ČSSR-Produkt) und bei Thioplasten mit geringerem SH-Gehalt beträchtlich erhöht.

Epilox EGK 19 unter Zusatz von Thioplast G 3 fand als Klebstoff in der Modelltechnik Anwendung: So wurden 2 Streifen mit halbkugelförmigen Aussparungen, die aus Epilox EG 1 unter Zusatz von Dibutylphthalat gegossen worden waren, zu einem Stab mit kugelförmigem Hohlraum verklebt. Die Klebefuge zeigte auch bei großen Modellverformungen keine Risse, im Gegensatz zu einigen Proben mit anderen Klebern. Dadurch war eine tensometrische Untersuchung der Stabmittelebene möglich. Eine weitere Anwendung stellt das Kleben von Oberflächenschichten auf Gummimodelle dar [15].

3. Zusammenfassung

Es wurde das mechanische und optische Kriechverhalten des Epoxidharzes Epilox EGK 19 unter Zusatz des Weichmachers Thioplast G 3 untersucht.

Dazu dienten Zugversuche bei konstanter Last an Proben mit verschiedenem Weichmacheranteil. Die Dehnung wurde mittels eines Mikroskopes gemessen, die Isochromatenordnung durch Kompensation nach SÉNARMONT bestimmt. Alle Proben zeigten eine beträchtliche Zunahme der Dehnung mit der Zeit. Dagegen nahm das optische Kriechen bei zunehmendem Weichmacheranteil ab. Bei dem Mischungsverhältnis Harz zu Thioplast wie 1 zu 1 war der Isochromatenwert praktisch zeitunabhängig. Die Prüfung der Proportionalität zwischen Spannung, Dehnung und Doppelbrechung ergab ein linear viskoelastisches Stoff-Verhalten. Im Erholungsversuch ging die Dehnung auf Null zurück.

Dipl.-Ing. KLAUS ULLMANN,
Technische Hochschule Karl-Marx-Stadt,
Institut für Angewandte Mechanik

Literatur

[1] DURELLI, A. J. and RILEY, W. F., Developments in the Grid Method of Experimental Stress Analysis. Proc. SESA **14**, No. 2 (1957) 91–100.
[2] KUFNER, M., Werkstoffe für spannungsoptische Modelle von Verbundkonstruktionen. Zeitschrift für angew. Physik **14**, Heft 7 (1962) 444–448.
[3] MÖNCH, E., Der derzeitige Stand der Spannungsoptik. Beiträge zur Spannungs- und Dehnungsanalyse III, Akademie-Verlag, Berlin 1966, S. 19.
[4] DANIEL, I. M., Quasi-static Properties of a Photoviscoelastic Material. Experimental Mechanics **5**, No. 4 (1965) 83–89.
[5] HEYMANN, J., Eine Verbindung der Spannungsoptik mit der Dehnungsgittermethode. Habilitationsschrift Technische Hochschule Karl-Marx-Stadt 1966. (Erscheint in diesem Heft.)
[6] Thioplaste. Firmenschrift des VEB Chemiewerk Greiz-Dölau, DDR.
[7] BUSER, K., Neuentwicklungen auf dem Gebiet der Epoxidharz-Härterkombination für Klebezwecke. Plaste u. Kautschuk **12** (1965) 456–459.
[8] HILTSCHER, R., Gütebeurteilung spannungsoptischer Modellwerkstoffe. Forsch. Ing.-Wes. **20**, Heft 3 (1954) 66–76.
[9] VOCKE, W., Die elastische Biegung des Balkens bei großer Verformung. ZAMM **44**, Heft 3 (1964) 119–122.
[10] PINDERA, J. T., Remarks on Properties of Photoviscoelastic Model Materials. Experimental Mechanics **6**, No. 7 (1966) 375–380.
[11] FÖPPL, L. und MÖNCH, E., Praktische Spannungsoptik. Springer-Verlag, Berlin/Göttingen/Heidelberg 1959, S. 50.
[12] THEOCARIS, P. S., A Review of the Rheo-Optical Properties of Linear High Polymers. Experimental Mechanics **5**, No. 4 (1965) 105–112.
[13] ARENZ, R. J., FERGUSON, C. W., WILLIAMS, M. L., The Mechanical and Optical Characterization of a Solithane 113 Composition. Experimental Mechanics **7**, No. 4 (1967) 183–188.
[14] STUART, H. A., Die Physik der Hochpolymeren. Springer-Verlag, Berlin/Göttingen/Heidelberg 1956, IV, S. 13.
[15] HEYMANN, J., Gummimodelle mit spannungsoptisch empfindlichen Schichtwerkstoffen. Wissensch. Zeitschr. der TH Karl-Marx-Stadt **8**, Heft 3 (1967) 139–141.

FSC
www.fsc.org
MIX
Papier | Fördert
gute Waldnutzung
FSC® C083411

Kolibri 360 GmbH
Ferdinand-Jühlke-Straße 7
99095 Erfurt, Deutschland
produktsicherheit@kolibri360.de